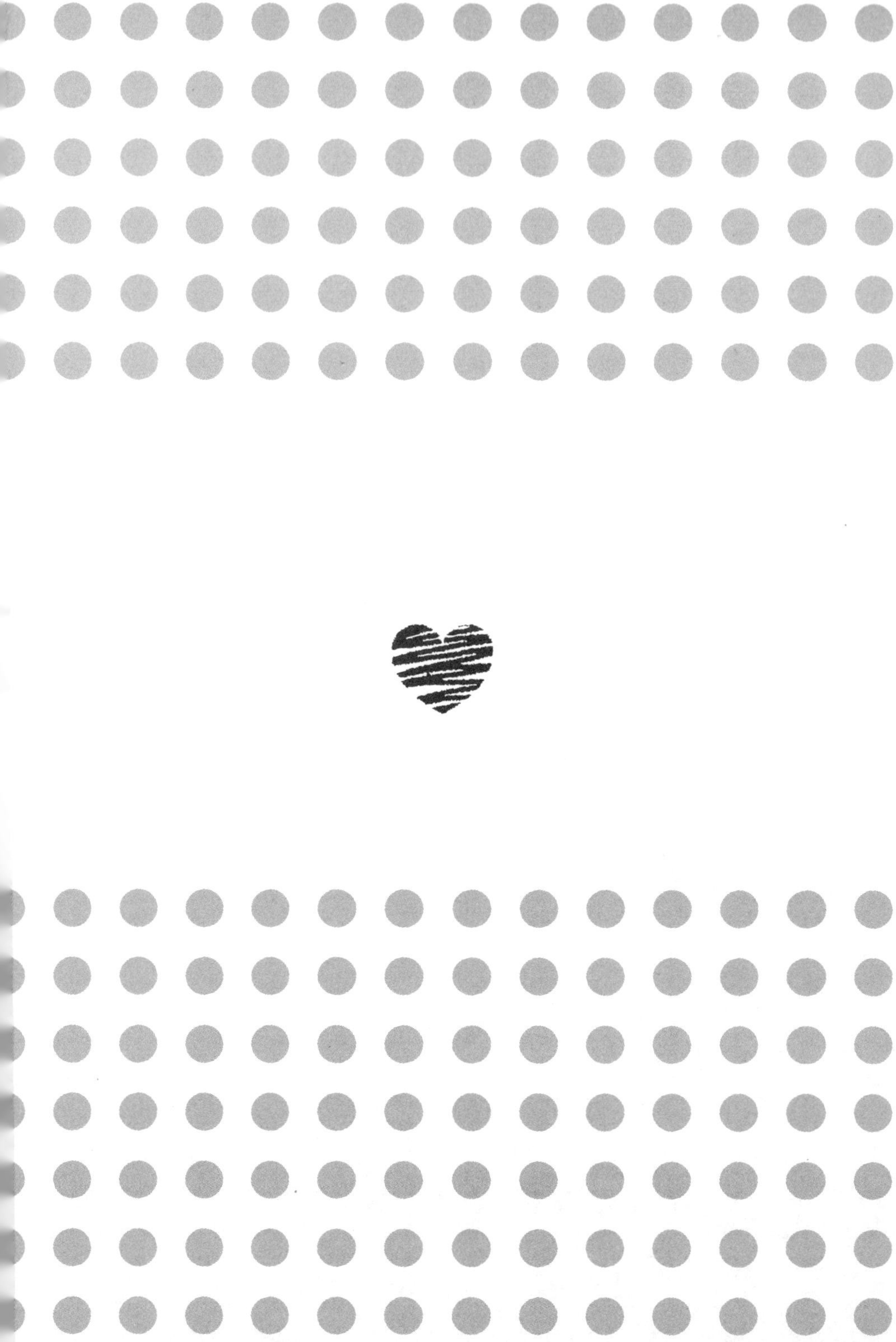

新手爸媽❤先懂孩子再懂教

掌握90個教養關鍵

輕鬆教出自律、貼心、負責、主動學習的小孩。

薛文英 著

【作者序】

安心、放手，和孩子一起成長

接到出版社邀約為台灣熱門的網路社群【新手父母先懂孩子再懂教】回答孩子的教養問題時感到萬分榮幸，有機緣分享經驗是一種難得無比的福分。但不同於平時習慣與爸爸媽媽面對面討論，只憑文字想讓讀者「看懂」是項考驗，希望透過分享長期對兒童行為分析的實際案例，能讓正處於育兒困擾中的爸媽，在閱讀本書之後，願意嘗試以不同的角度看待親子互動所發生的迷思。

兒童教育的基礎，源自於孩子成長的家庭。長期以來，由於工作的關係在各地與不同文化習慣的父母接觸，我發現無論以任何方式來宣導兒童發展重要性、推動科學育兒觀念的普及化，個人以為都具有相同的出發點：若我們能讓更爸爸媽媽對兒童身心發展有基本的認識，就更容易找到協助孩子專心做事的辦法。由於每個孩子和家庭成員的互動模式不同，我們僅能提供讀者了解孩子的原則，知道如何在生活中減輕焦慮感。

養兒育女是人生學習過程中一項重要的任務。多數家長以自己的經驗來教導孩子，從嘗試與錯誤中學習和修正。然而孩子的成長只有一次，遇到經驗不足或情緒糾結時也可能引發家庭糾紛，因為大人容易忽略孩子不論在身心發展的成熟度都還在成長，無法依照大人預期而長成計畫中的模樣。

家庭教育沒有一個固定的模式，教養方法更沒有絕對的好與壞。同樣身為母親的過來人經驗，讓我深深體會到——親子互動是一種相互的溝通和調整。如果爸媽和孩子的目標和作法一致就能和協相容；萬一產生衝突，在孩子的控制能力還不夠穩定之前，需要調整的對象不是年幼的孩子，反而是大人要先學習。

由於網路的發達，年輕爸媽們在養育子女發生困惑時，會希望能透行動裝置隨時與全世界溝通及時找答案。可惜的討論式的片斷簡短內容，礙於限制可能無法滿足想要追根究柢的爸爸媽媽，因此在編寫「先懂孩子」的常見教養問題答案時，期待能以客觀的角度提供好奇的讀者，從孩子到大人、從生理到心理等不同角度的思考方向。

教導子女需要適時的教育和引導，讓孩子得以知道何時何地必須規範。愛孩子就不能完全失去約束，爸媽站在旁觀陪伴的立場給孩子適時適齡的支持和具體引導，讓孩子順利從家庭進入團體學習，這段成長的過程當中，爸爸媽媽必須學會放手，才能培養出具有獨立人格的成熟個體。

「新手父母先懂孩子再懂教」是個分享頻率很高的網路社群，足以證明現代父母吸收育兒資訊的需求有多麼急切。教與學是一種互動的過程，在此更盼望將輕鬆教養孩子的經驗與有志於兒童教育工作的朋友分享，也期望爸媽也能虛心掏空腦內被制約的觀念，在網路的時代推陳出新時，仍然可以保存中國人優秀的傳統教養觀念。在此感謝城邦集團的布克出版社器重，讓我們能夠攜手合作重新學習的機會！

願所有孩子都能在懂得欣賞他的家庭中自信長大；而愛孩子的爸爸媽媽們，也能安心、放手，和孩子一起成長。

易飛迅親子館　創辦人

薛文英

【目錄】

第三章 基本訓練，這樣教

第四章　孩子都是這樣子的嗎？

第 1 章

眾說紛紜，哪個才對？

Q01

經常抱孩子好不好？常抱會養成依賴習慣嗎？

通常這個問題常發生在家有新生嬰兒，或者孩子明明已經會走路，但只要逛街就要賴不肯走哭鬧著要大人抱……

有經驗的人常發現，嬰兒會發出不同的聲音來吸引照顧者注意他的存在。如果仔細觀察，我們可以由聲音和表情動作來判斷，寶寶是肚子餓了？身體不舒服？或只是需要有人互動一起玩？當他們學會用哭來得到大人的回饋時，確實會增強這樣的行為。若長期的溺愛容易讓孩子過度依賴缺乏耐挫力；但是真心的擁抱和情緒支持是必要的。

適當的撫觸和擁抱可以讓寶寶情緒穩定下來，對成長發育有實質上的好處，每天給孩子一個大大的擁抱吧！當寶寶長到可以走路、跑跳時，自然就不喜歡一直被抱著限制行動了。

不抱就吵死了，要怎麼辦呢？

「走不動了，爸爸抱……」若家中已經會走路而不喜歡運動的幼兒，確實就不適合抱著走路了，應該讓孩子多走路。

其實爸媽和幼兒相處，也不一定都要用講道理的方式溝通，因為當孩子情緒處於不穩定狀態時，腦子能聽懂和吸收的話其實十分有限。請爸媽學習保持冷靜，不要受孩子的吵鬧影響，而讓自己也跟著急躁不安，試著轉移孩子的注意力。例如：在孩子不想走路時，突然把雙手搭在寶寶肩膀說：「我們變成小火車一起前走吧！」突如其來的點子可能引發幼兒的好奇心輕易就配合了。通常年紀小的孩子是很容易被引導的，只要大人也能夠充滿想像力。

孩子需要有散步、跑步的鍛鍊，可是小孩的體力跟不上爸爸媽媽，所以在安排戶外活動時要適當的休息，耐心引導孩子發現另一個好玩的地方，每次的距離由近到遠、慢慢延長運動的時間。千萬別用強迫的方式要求孩子像行軍一樣，若沒有好玩的目標，只是跟著大人一直走，小孩就會用各種理由說不好玩，甚至索性累到失去控制當街哭鬧起來。

Q02

孩子不吃飯，要等他吃完？還是乾脆收掉？

「為什麼孩子不吃飯呢？」請試著先把爭論的問題弄明白：

◇是否孩子不喜歡吃米飯？
◇如果改吃別的東西也會不喜歡嗎？
◇吃飯經常很慢嗎？
◇有沒有邊吃邊玩或看著電視吃飯呢？
◇在家每餐通常會間隔多久時間吃一次？
◇孩子從小食量就不大嗎？大約從時候開始才不愛吃？
◇飯前有吃點心嗎？

仔細想想之後，許多照顧者自己就能發現孩子吃飯太慢的原因。寶寶練習自己吃飯也需要專心的，首先我們要去除可能造成孩子邊吃邊玩的外在條件。通常能乖乖坐好吃飯的時間不會超過四十分鐘，在這段吃飯的時間內，千萬別讓孩子吃東西時手上還玩著玩具，更不可養成寶寶不動手，只是張著嘴巴吃。

出生後十個月大的寶寶就能夠模仿大人，可以練習自己坐著吃東西，若寶寶已滿周歲，就要全家人在餐桌上固定位置坐下來專心吃飯，讓寶寶跟著模仿。寶寶的飲食習慣和從小的家庭習慣有關係，爸爸媽媽在吃飯時顯得津津有味能引起孩子也想嘗試的好奇；如果大人對某種食物顯出懷疑或抗拒的表情，也會讓孩子對眼前的食物產生不安全感。如果幼兒每晚花上四十分鐘還吃不完，那麼很可能準備的分量太多了，寶寶確實吃不下；也可能因為孩子咀嚼進食的能力不夠好，或者有挑食偏食的情況。這就需要照顧者耐心觀察，才能找到改善的方法。吃飯要保持愉快的情緒，否則吃再多也消化不良。我們為孩子準備的食物以營養均衡為原則，不要強迫食量小的孩子必須吃一大碗白米飯。

通常孩子在活動較多以後就會有飢餓感，若孩子吃飯時間總會拖很長，就要避免在正餐之間提供餅乾或甜點之類的零食。此外，長時間把食物含在口中會造成幼兒蛀牙的風險，最好養成吃飯後就刷牙的好習慣。

Q03 到底要不要和小孩講道理？

爸爸媽媽很早就要開始教導寶寶分辨是非，但是孩子說道理就要看年紀了。寶寶在滿一歲前後就具備「要」或「不要」的分辨能力，大人經常說的「對」或「不對」、「好」或「不好」這種話比較容易理解。所以若我們想教導孩子建立生活常規，大約在寶寶學走路時期就可以開始。講道理要在寶寶能夠聽懂「為什麼？」才開始，否則說太長的大道理孩子其實是一知半解的。孩子的理解能力要隨經驗累積，通常他們對於發生在自己身上的才能夠理解，所以大約要在兩歲半會講完整句子之後，才能稍微聽得懂大人講述較長的事情。

由孩子的語言發展能力看來，太早和幼兒講大道理其實作用不大。因為即便幼兒能知道什麼事情不可以做，發育中的大腦仍然不能控制住好奇和衝動的本性。很多爸媽都有相同的經驗：某天發現孩子獨自在浴室玩水，弄得滿地泡泡直到大人發現，爸媽都還沒開口罵人，寶寶就知道自己又闖禍而先大哭起來。

家有六歲前的孩子，確實非常考驗爸媽的耐心。我們必須一次又一次告訴孩子什麼才是好的行為。如果遇到狀況就教訓個不停，估計超過三分鐘後寶寶會呈現放空的狀況，因為他們無法完全吸收，光從大人說話的聲音和表情來判斷就嚇呆了。這時候寶寶有可能誤解為：「媽媽就是愛生氣！」、「爸爸不喜歡我！」如此一來，反而衍生其他認知的錯誤。

女孩愛聽故事，男孩需要明確指示

研究發現男孩和女孩對語言理解能力的發育成熟時間不同，小女孩較早可以和大人進行主題性的聊天；某些語言能力好的孩子特別愛發問。但是多數的小男孩常常無法完全聽懂大人所講的複雜句子，和大人之間的問答也比較簡短，所以和小男孩講長篇道理的效果，可能會令媽媽失望。

您還會為孩子總是不聽話而生氣嗎？請不必要跟幼兒講長篇大道理，給孩子明確的口語指令就足夠了，因為幼兒的專注力是很有限的。

Q04

孩子吸吮手指要戒掉嗎？

出生五到十個月的寶寶會吸吮手指是必經的過程，這時不必千方百計想戒掉這個動作，因為無論想用什麼法戒掉也都多此一舉。因為寶寶不只愛吸吮手指心、而且還更愛吸腳趾頭呢！從嬰幼兒發展的過程來看，吸吮手指的動作一點兒也不奇怪。吸吮手指是寶寶自我安撫的過程，正常寶寶不會咬傷自己的，況且嬰兒是先透過口腔和觸覺學習的，當寶寶發現原來可以動手拿取更東西敲打出聲音會更好玩，吸吮手指的樂趣就大大降低了。

照顧者唯一要做的事情是讓寶寶手指或任何可以抓進口中的物品要注意清潔衛生。若媽媽還是很介意擔心吸吮手指不乾淨，可準備固齒器或嬰兒玩具來轉移小寶寶的注意力。否則把寶寶的手拿下來，只要大人不注意他會很快再把小手放進嘴裡。有些大一點的孩子在進入新的環境或情緒緊張時，也會出現吸吮手指的動作，多半是情緒壓力引起的不自覺反射動作，大部分的孩子在放輕鬆適應之後，就會把手放下來。所以當爸媽發現幼兒在某段時間又經常出現吸吮手指或咬指甲的情況時，請暫時不要嚴厲糾正孩子的動作，以免增加孩子的心理壓力。

您可以先觀察找到孩子在什麼情況吸吮手指的動作會特別頻繁，然後再慢慢找到引導寶寶調整情緒的方法。只要讓孩子常常充滿活力，玩遊戲的時間完全熱情投入，靜下來學習的時間也能夠充滿好奇和挑戰動機，孩子不自覺就吸吮手指的動作便會自然消失了。

總之，當爸媽發現孩子有吸吮手指或把玩手指頭的動作時，不需要因為別人的觀感而強迫孩子馬上戒掉。

我們必須先依照孩子的年齡綜合客觀的因素來理解孩子的動作。吸吮手指頭若發生在嬰兒時期是正常的行為；若已經一、二年都沒有吸吮手指，突然在某段時期才又出現這類舉動時，就要從孩子的心理和外在環境是否發生改變等綜合因素加以分析。唯有協助孩子學會如何調整緊張的情緒，才是幫助孩子改掉不雅小動作的根本解決之道。

Q05 遇到長輩不想問好，需要強迫孩子改嗎？

「不想問候」和「不好意思跟別人問候」這兩者是不同的。我們都希望教出熱情有禮貌的孩子，小寶寶也會希望得到大人的讚美，所以不開口向長輩問候的孩子一定有特別的原因，才會不想配合而故意做相反的事。

很多教了很久還是不會主動跟人招呼的孩子，並不是故意要讓爸媽為難的，他們內心很想做到大人期望的大方表現，但對他們而言，和不熟悉的人說話真的很困難。敏感型的孩子在陌生人或人多的時候特別容易緊張，這是因為人體的感覺神經系統遇到壓力時，會讓人心跳加速、臉紅、呼吸也不平穩……，試想當孩子處於這種生理狀態時，怎能理智的和大人對答如流呢？

如果孩子是公開場合或陌生環境比較害羞型的，爸爸媽媽要多讓他們去接觸不同的人，即便孩子只能躲在媽媽身旁靜靜的看，當寶寶觀察發現安全後就會主動靠近新奇好玩的地方。若我們強迫這樣的孩子必須趕快和別人一樣，反而會讓孩子更退縮。所以這種狀況就不適合再強迫，爸媽可以讓孩子知道「眼睛看著對方點頭微笑」也是打招呼的方式之一。萬一真的很不好意思說話，至少可以努力做到經常微笑點頭，不可以面無表情不理會別人。

製造機會讓不說話的孩子展現自己

我們可以鼓勵個性比較害羞的孩子為別人服務，例如：從兩三歲起，就讓孩子每天給爺爺、奶奶和爸爸媽媽倒杯水，看到大人提東西時主動上前幫忙……。通常不愛說話的孩子也會希望獲得大人的讚美，只是他們太安靜，在團體中容易被別人所忽略。如果爸媽能製造機會讓不說話的孩子展現自己，孩子就會懂得主動關心家人和朋友，在長輩朋友尚未開口要求協助時，孩子也可以用體貼的行動獲得好人緣。

Q06 孩子不想去上幼兒園，媽媽在家自己教好嗎？

明智的爸媽不會只因孩子說不想上學，就真的同意孩子可以不去上學。因為當孩子的年齡慢慢長大，要學習從家庭活動進入到團體生活，雖然在幼兒園階段的學習沒有太深奧的課程內容，或許媽媽在家中自己教也行，但請不要長期保持一對一的指導，因為孩子需要結交朋友，在家照顧得再認真辛苦，也無法完全取代孩子和同伴吵吵鬧鬧所得到的人際互動經驗。

覺得接送寶寶浪費時間的媽媽說：「幼兒園的活動大部分都是玩，我看老師也沒教什麼，在家自己教不是省錢又方便嗎？」

讓孩子天天去幼兒園有項重要的意義，就是要讓孩子學習適應和更多同齡的孩子互動，在家有全部的大人配合一個小孩，可是孩子到教室可以學習等待、學會分享和遵守遊戲規則……而這些也都是為了上小學而做的暖身操。

上幼兒園是很重要的成長過程，唱遊、簡單的常識和自理能力都可以在家教導，但是孩子要有段脫離「被協助」的適應期，這是許多獨生子最缺乏的經驗。

大人和孩子對於改變生活習慣都需要一段時間來適應，其實早上起床不想上班或上學也是很自然會產生的念頭。

萬一孩子有段時間強烈對上學產生排斥，爸媽就要和老師充分溝通，一起找出為什麼孩子不再想進幼兒園的原因；千萬別用恐嚇或開玩笑的告訴小朋友如果不聽話就叫老師罰站之類的話，否則很可能讓幼兒對學習產生負面的印象。

想讓孩子開心上學要營造氣氛，請用樂觀的態度引導孩子去發現學校有什麼好玩的事情。如果每晚睡覺前都跟孩子說：「明天又要找老師玩什麼呢？好期待唷！」小孩真的會每天起床開心的走進學校。

Q07

孩子什麼時候適合學寫字？

對孩子來說寫字和畫畫其實是相似的遊戲，他們拿筆塗鴉發現自己畫條直線會驚訝的說：「媽媽快來看！我會寫字了，你看好厲害吧？」當一個有自信的孩子，想要模仿大人時，我們可以發現其實不必教導、也不必強迫，時間到就自己學會寫了。

有些媽媽問：「孩子太早拿筆不是對骨頭發育不好嗎？」

確實，過早強迫孩子一直練習寫字並不恰當。可是當一個孩子的手指操控工具的精細動作發展良好，自然就會想要拿筆塗鴉模仿寫字，好奇心一旦啟動是很難停下來的，孩子只要能拿到筆或顏料就會先在找地方亂塗。這時爸媽可以準備報紙或大張的白紙讓他們練習，市面上有些專為幼兒設計的磁性寫字板能夠滿足寶寶拿筆塗鴉的欲望，也有人在家中特別開放一個牆面，給孩子在規定的範圍內可以自由揮筆，讓人不得不佩服，真是懂孩子的好爸媽！

當寶寶慢慢發現自己所畫出的線條和很像什麼之後，就會花更多時間練習。塗鴉畫畫也是寶寶表達情緒的方法之一，所以不需要禁止孩子拿筆，而是給孩子準備一個可以坐下來畫畫的小桌椅，讓孩子坐姿端正專心練習。

每個孩子什麼時候適合學寫字呢？這問題要隨著兒童動作發展成熟能力而定，沒有最低年齡的限制，當孩子自己想學就可以教，即使模仿得不像也沒關係。少數視覺觀察力較好、對文字有興趣的寶寶在三歲不到時，就會主動跟爸爸媽媽要求想學寫字；不過大多數的寶寶會在幼兒園中班的年紀才會感興趣。寶寶的塗鴉遊戲一開始都是練習控制手指頭的好玩活動，當爸爸媽媽發現孩子畫出很像字的圖案，可以適時讚美一下，受到重視之後寶寶會特別喜歡畫圖。

通常只要寶寶對文字和語言產生視覺印象就已經開始學習識字了；可是會認字和能動手寫字不一定同時期具備，所以爸爸媽媽也不需要特別心急。練習寫字之前，必須先具備較好的手眼協調能力，也要能夠維持身體姿勢的穩定，否則孩子容易因為做不到而覺得畫畫或寫字很不好玩。

Q08

讓孩子快樂就好不是嗎？為什麼要給孩子壓力？

許多媽媽說：「我要孩子快樂就好，所以不想給孩子壓力。」有這種想法的家長要小心，因為過度的放任也可能忽略孩子需要適時引導。

嬰幼兒的大腦就像一部超級電腦，即便出廠時具有硬體完備，也要安裝好用的軟體才能發揮實用的效能。所以寶寶在不同的年齡就需要不同程度的教導，當孩子具備基本能力就會產生內心的成就感，孩子知道自己有能力解決問題也才會有充足的自信心，如此一來就不會遇到學習困難便輕言放棄。

「快樂」是一種情緒狀態。保持愉快的情緒是好的，但請不要誤以為放任孩子的行為，順著孩子每天想做什麼就做什麼，這樣就是盡責的好爸媽。無論大人提供孩子多少的物質享受，孩子還是不會持續快樂的感覺，因為人不可能一直保持在只有快樂的情緒當中，有「缺乏感」才更能體會好不容易得到的「滿足感」。

人們遇到適當的壓力之後，會產生舒服放鬆和更大的快樂。如果爸媽把這原理放到教導孩子時也是相通的。但如何在教導和管束之間收放自如呢？每個家庭狀況不同，不必和別家情況比較誰比較好，在親子相處時，爸爸媽媽要更有彈性的依情況而調整。

曾有國外專家進行父母教養類型和子女長大後發展的研究，他們將父母教教養子女的態度分為放任型、開明型、專制型三種。完全採取放任型教養的父母因為過分溺愛，讓孩子產生沒有目標感的無力狀態，這些孩子不知到自己要什麼。專制型的父母以自己的想法希望孩子照著大人規畫而行事，反而容易造成孩子的反抗或消極抵制行為。

在教養子女時，大人容易把個人的成長經驗套用在孩子身上。一些經歷困難才成功的大人會不希望孩子和自己一樣辛苦，就會有「讓孩子快樂就好」的想法，這是基於愛孩子的心理。適當壓力能讓孩子變得堅強和勇敢，因此培養孩子的耐挫能力也不能少。

09 聽說太早學會以後會不專心，不要先教好嗎？

嬰幼的學習早在寶寶的眼睛能看見、耳朵能聽見時就透過觀察和模仿開始了，一個健康孩子在充滿新奇的環境就可以自己學到大人無法想像的能力。反之，如果孩子生長在完全沒有文化刺激、資訊缺乏又沒有機會得到良好的互動引導，即便年齡相同生活的基本常識也會比較缺乏。

學校教室中的孩子來自不同的成長背景，老師上課所教的內容對沒聽過的孩子會很新鮮、聽過的孩子會感到熟悉而產生自信，有時難免也有孩子會覺得太簡單而失去好奇心。聽過不代表真正理解，看過也不代表可以記住，真正學到心領神會才能夠舉一反三，所以任何學習的過程中都需要反覆練習，並不是只學一次就夠的。

幼兒對於特別感興趣的故事總是百聽不厭，如果他出現不專心的樣子，也並不單純是因為曾經學過而造成的。我們必須了解孩子為何對大人教導的內容失去耐心，而非直接斥責孩子的不專心。

會引起孩子在上課時不專心的原因很多，常見的例如：缺乏運動而坐姿不良，上課時看起來東倒西歪，也會讓大人誤以為學習態度不佳。通常學習反應好的孩子更不愛重覆枯燥單調的學習，對這類學習效率高的孩子只要舉出不同的例子或改變教法，就能重新獲得孩子的注意力。

鼓勵學習領悟力較快的孩子當小老師，能增加他們的參與團體活動的動機。因為自己能夠懂是一回事，但是要把自己學會的事情解釋給同學也聽懂，就會是一項很有難度的挑戰。

能夠擁有資優學習特質的孩子實屬難得，爸媽要鼓勵這類型的孩子學習關心和幫助同學，一個願意協助弱勢而不傲慢的孩子，長大之後人緣會更好，這也會是孩子終身保值的資產。

具有豐富的背景知識，才能有「舉一反三」的創造力。少數有天分的孩子不必刻意教導，只要平時看多、聽多就自然可以學會了；但也有孩子需要大人適時的指導和耐心示範才能體會。總之，要先懂孩子是否需要協助，大部分的孩子無法在一夕之間學會新事物，「適齡」和適當的指導對幼兒是必要的。

第2章

會生氣，是因為你不懂孩子！

Q10 才一歲多的孩子不給大人餵，要順著孩子的心意嗎？

嬰兒在能夠獨自坐穩之前，就能用手抓取奶嘴放進嘴裡了，這時間大約在出生後五至六個月間，所以其實孩子很早就有自己拿東西吃的本能，如果孩子上幼兒園還不能自己吃飯，多半也只是練習的經驗不足，而不是孩子本身不能做好。現今中國人傳統的育嬰觀念中，依然覺得照顧者要動手餵寶寶才算照顧細心，唯有大人動手餵小孩才能吃飽，而且不會浪費。

寶寶每天拿湯匙或筷子吃東西是很好的手部動作練習，一個動手能力比較好的寶寶將來畫圖、寫字、美勞、彈琴的動作學起來自然得心應手。相反的，如果寶寶連筷子都拿不好，上小學之後寫功課會經常喊手痠那也不奇怪了。

「寶寶連湯匙也拿不好，能放任孩子把食物弄的亂七八糟嗎？順著孩子心意不會養成任性的習慣嗎？」關於這個問題可分為兩部分來解答與改善：

一、加強精細動作

擔心孩子自己吃容易將食物掉下來，在一歲就可先把拿湯匙的動作變成每天的遊戲。請給寶寶準備兩個容器、大湯勺、五到十個大積木。由媽媽先示範拿著湯勺把裝在盒子內的積木撈起來，再放進另一個容器當中，重覆示範兩次，接著把湯勺交給寶寶自己玩。無論男孩或女孩都喜歡這種類似家家酒的遊戲，經過一段時間的重覆練習，孩子吃飯時拿湯匙或筷子的動作就會更熟練。

二、了解心智發展必過程

生出滿一歲後寶寶開始發展「自我意識」，即便還不會講話也懂得用搖頭或手勢表示「不要」或「我要……」。當我們發現寶寶才一、兩歲就不想要大人餵是很正常的，代表寶寶的大腦發展更成熟，而且有想學習的強烈欲望，在這時候爸爸媽媽就該把握孩子最想學習的黃金期，給他們充分練習的機會。

讓孩子學習獨立絕不是從此放任不管，在孩子練習吃飯這件事情上，請依照孩子的理解程度教導寶寶更多餐桌禮儀。要不斷耐心告訴孩子：「好寶寶要自己吃飯，不可以用手玩弄食物，把食物吃光不能浪費。」

Q11 孩子不大方，常常躲在父母身後怎麼辦？

大部分的人會以孩子的個性「活潑外向」或「害羞內向」來看待孩子在陌生環境中的表現。個性的形成與父母遺傳、孩子本身的感覺經驗、家庭和文化環境等複雜因素都有關係，遇到孩子的表現和其他孩子不一樣時，爸爸媽媽要學習冷靜觀察，才不會對經驗不足的孩子加增更多的壓力。如果大人一直催促孩子反而容易讓情緒不安的孩子造成退縮或排斥的反效果。

當孩子遇到陌生人就躲在爸媽身後，要先讓孩子靜靜的觀察就好，因此這時候孩子確實處在緊張焦慮的狀態之下，我們要先讓孩子知道身處的環境是安全的。

感覺系統與適應能力

「孩子不喜歡陌生人摸他嗎？」

如果寶寶會排斥別人握手、撫摸或身體接觸，很可能偏向敏感防禦的體質，特別容易對陌生的環境或人感到緊張。敏感型的大人或小孩都需要更長的時間才能調整身體的緊張反應，否則較容易心跳加快、呼吸急促不平順，如果爸媽本身不是這種體質的人，便會誤以為讓孩子不聽話或故意唱反調而生氣，其實孩子也想讓大人稱讚，但是他們沒有辦法在很短的時間準備好。

當爸媽發現孩子可能有這種情形時，建議可嘗試減輕敏感的方法。從孩子本身降低觸覺反應太敏感的狀況，每天給孩子做按摩、讓孩子接觸各種不同觸覺的刺激，照顧者也不要有過分的潔癖，鼓助孩子玩水、玩沙或手指塗畫等等，這些都可以讓孩子的感覺神經系統作適應性的調節，改善之後就不會對別人的接觸感到緊張害怕了。

建議爸媽讓不安的孩子先做個靜靜的旁觀者就好，等孩子確定新環境安全後才能展現自然的反應。在家和外頭表現完全不同的孩子，確實會造成爸媽很大的困惑；若大人可以接納孩子，理解孩子想要做好但無法馬上進入狀況的難處，內向的孩子也會在人群中展現自在和開朗的笑容。

Q12 孩子怕生黏人，可以改善嗎？

有些爸媽會為小寶寶特別黏人離不開媽媽的情況而煩惱，更因為擔心孩子在陌生環境有壓力，於是忍耐著便索性讓孩子待在家就好；爸媽會盼望孩子怕生黏人的情況能夠隨著長大之後逐漸改善；可是到了孩子要上幼兒園的年齡到了，才發現情形不僅沒有改善，反而哭鬧著不肯上學。

如果寶寶從小就怕生又長期都和照顧者單獨相處，缺乏與陌生人接觸的機會和經驗，進幼兒園時發生「分離焦慮」的調適期也比較長。

研究發現在嬰幼兒時期能受到及時關愛而不被冷落的孩子，長大後比較有安全感。較有安全感的孩子能接受媽媽離開視線內，獨自在房間內玩一會兒，不會因為抬頭看不到媽媽而哭鬧不休。有的媽媽會採取完全緊迫盯人的保護方式，深怕一不留神孩子會受傷，於是除了睡覺之外，無論做什麼事情都要讓寶寶緊跟在身旁，孩子幾乎沒有離開過媽媽的身邊和其他人相處。雖然這些認真的媽媽對孩子付出加倍的愛和時間，但很可惜寶寶反而可能因此而錯失與別人互動的學習經驗，這種現象值得新手爸媽想一想，並不是陪孩子時間最多就是最好的。

培養孩子的獨立性

若想調整寶寶黏人的情況，必須放手讓孩子自己玩。天生具有資優傾向的幼兒很可能生來的學習特質良好，打從寶寶時期就能自己一個人玩半小時以上，不會中途輕易的站起來走來走去。當寶寶能自己坐穩以後，給寶寶一些可以搖出聲音的玩具，大人坐在附近觀察寶寶獨自遊戲即可，當寶寶想和大人一起玩時，就會把手上的東西交給別人。

爸媽可以參與孩子的遊戲，和孩子相處時，不要一直打斷寶寶的遊戲，若大人一直想「教」寶寶怎麼做才是對的，常會弄到大人和孩子都不想玩了。學習任何事物都要透過反覆的練習，才能調整到能做出正確的思考判斷和行動執行。想要孩子和陌生人相處融洽，也需要時間適應。若孩子已有怕生黏人的情況，要先提升自信心和獨立性，爸媽的引導也須是漸近式的，千萬不能太著急。

Q13

孩子調皮又好動怎麼辦？

大人所說的調皮意味著孩子常常「講不聽」、「明明已經叫他不能做的事情，總是沒辦法控制不去動手。」媽媽真快要火冒三丈了！

懂得孩子為什麼控制不住，大人就不會生氣了。

好奇心是每個孩子的天性，在三歲前後媽媽會發現可愛的寶寶變調皮了：成天動來動去，愛說相反的話，意見很多……，這些教大人困擾的表現是孩子長大變聰明了請先不要生氣，動作發展更靈活才能跑、跳、轉圈而不會失去平衡，這時期的好動也是孩子身體健康的表現。請爸媽先理解孩子需要透過運動遊戲來促進身體的動作協調，三到六歲孩子需要大量的運動，若他們活動的空間不足、身體動覺需求未能得到充分的滿足，就容易出現坐立難安、學什麼都沒耐心的模樣。

但「好動」和「過動」絕對是不同的。

通常好動的小朋友比其他孩子更想動手操作，他們聽完老師講解的事情之後很想動手試試，不太有耐心仔細聽完大人交代的事情，但只要經過適當的指導便可以改善。請給這類型的孩子明確指令，告訴調皮小孩他要做什麼，說話時表情認真的看著孩子、指令簡單而明確，讓孩子知道爸爸媽媽不是開玩笑的，現在必須要做什麼才是對的。

經過統計真正屬於過動兒或注意力缺損的孩子大約占2%左右，而且必須要經過專業醫師的診斷，才能判定是否需要透過藥物來作調整。

所以媽媽們請不要輕易把過動一詞套在一個健康活潑的小孩身上，也不必因此而過分焦慮，大部分調皮的小孩只是暫時的好動，缺乏有效指導罷了。

孩子在一開始都無法分辨上課和下課的意義。父母和老師必須合作，在家或學校都要反覆告訴孩子在什麼時間、什麼環境可以自由跑跳玩耍，在必須安靜坐下來玩或上課的時候就要認真學習。

萬一家中有人很嚴格，有人又特別溺愛，聰明而調皮的孩子會嘗試不同的狀況來測試大人的管教底線。每個家庭在教導孩子時，最好能先訂出一套標準，孩子有所依循就不會調皮搗蛋。平時保持輕鬆的態度看待幼兒的行為，遇到必須指正的時候就收起笑臉認真的告訴小孩。父母有責任教導孩子，而親子間的感情和信任關係並不會因為正確的指導而有所疏離。

Q14 孩子玩到半夜不睡覺怎麼辦？

照顧幼兒首先要關注三個重點：均衡營養、充分運動及充足睡眠。正常的情況下孩子們的體力比不上成年人，經過一整的遊戲和運動會消耗體力，就很容易入睡而不會失眠的。如果孩子總是玩到半夜不睡覺，多半是家裡還未營造出睡覺時間到的氣氛，也可能是白天睡覺時間過長，或者沒有讓寶寶從小就養成定時上床睡覺的生活習慣。

其實爸媽要陪伴孩子建立生活作息的規律性，不僅能讓照顧小孩的任務變得更輕鬆；最大的好處是有助於幼兒的成長發育。因為生長激素受腦下垂體產生的生長激素調節，也受到性別、年齡和晝夜規律的影響，在睡眠狀態下生長激素分泌會增加，而人體生長激素的分泌在晚上十一點至凌晨兩點分泌最多。如果孩子長期日夜顛倒，打亂正常的大腦運作節奏將會影響成長發育，所以孩子實在是不適合熬夜的。

通常晚上的睡眠不是一直處在熟睡狀態的，睡覺前後會經過入睡階段、淺睡階段、深睡階段和持續深睡階段。小孩在入睡階段開始呈現兩眼無神、肌肉放鬆的狀態，這時候如果受到燈光或聲音刺激就會重新啟動興奮的神經，如此一來又得要重新調整一次精神狀態才能再入睡了。

如何讓孩子養成定時睡覺的習慣？

建議家中有幼兒的爸媽在每晚固定時間，最好能暫時放下手上的工作和還沒做完的家事，您可以花十五分鐘陪孩子做睡覺前的準備，包括：檢查孩子刷牙是否做好？陪孩子說一段故事或聊天，設法讓孩子的情緒穩定下來，然後關掉房間的電燈讓孩子安靜躺到床上睡覺。

如果孩子還沒養成固定的睡覺習慣，爸媽最好也能耐心等待孩子熟睡後再繼續忙，請不要光教孩子自己去睡覺，而大人還依然在製造聲音或混亂的場景。

有規律性的重觸壓

有時孩子也會在睡著之後突然出現驚嚇的動作（還可能哭出聲音或說話），看起來好像被嚇醒一樣，但其實依然還在深睡的階段中，隔天睡醒後完全不會記得。睡眠中的「夜驚」（Night Terror）現象若是偶爾才發生不必過分擔心，幼兒的神經系統調節仍然在發育當中尚未成熟穩定，所以小孩比大人更容易發生夜驚的現象。遇到這種情況請不要輕易打開電燈，施予穩定而規律的重壓按摩達到安撫的作用，通常孩子也就能繼續睡著了。

Q15 才兩歲大就不讓父母牽著走，如果亂跑怎麼辦？

兩歲開始孩子的身體協調能力會快速的進步，能夠小跑步、在大人牽著單手就可以上下樓梯、喜歡走斜坡……。如果孩子的協調控制能力還不夠穩定，難免會跌倒，也常發生在行進間來不及停下而撞到人，動和停的轉換過程必須經過反覆練習，若大人常常抱著孩子或硬要他坐在嬰兒車上，腿部的力量就無法得到足夠鍛鍊，我們可以看到一些缺乏運動的孩子，即使算長得比班上其他小朋友更高大，但肌肉的耐力和身體平衡感也不太好。

孩子能看到的世界會因為能夠站起來行動自如而變得豐富有趣，自然就不喜歡被限制住行動。當我們懂了孩子為什麼寶寶想要自己走，會為他長大而感到欣慰而不生氣。喜歡自己走比起總吵著大人抱更輕鬆，爸爸媽媽要教會寶寶如何注意安全，絕對不能在馬路上快跑，就行了。

喜愛刺激的背後原因

每個孩子對速度、高度變化的接受程度不同，有人會怕高，但也有孩子玩盪鞦韆時會一直喊「再高一點」，爸媽可能會以孩子比較膽小或勇敢作解釋，但每個人的感覺神經系統對外來刺激感受不同，也會因為大腦判對危險訊號解釋不同而產生很大的差異。

位於內耳的前庭系統是維持人體身體平衡很重要的感覺接收器，前庭系統對高度、速度、位置移動的感覺如不偏和太敏感或是感覺反應不足，就造成孩子在參與遊戲活動時的表現和正常的小朋友不一樣。感覺不到速度和高度危險的孩子會經常動個不停，他們需要比其他小孩更激烈的刺激才能滿足，從很小年紀就走路比較快，也常有橫衝直撞的情況發生。

學習判斷安全性

如果孩子有這些情況，改善的方式要從內到外一起調整。因為孩子本身需要大量而且足夠的位移經驗，可以讓孩子多練習有目標性折返跑、跳躍等活動。

另一方面加強孩子對外在環境的認識，在平時散步時引導孩子仔細觀察路上的各種車子行駛和移動的方向、學習辨認紅綠燈、給孩子解說道路安全的常識。兩歲左右可用簡單的指令來指導孩子怎麼做才是正確的，讓孩子知道過馬路遵守紅燈停、綠燈停的規定，看到兩旁都有沒有車子才可以走過去。

Q16 為什麼孩子不肯乖乖坐嬰兒車？

嬰兒車，是為了方便爸媽帶寶寶出門而設計的，正確來說，當寶寶能獨自走路之後，就要減少對嬰兒車的依賴，孩子才能有足夠機會鍛鍊腿部的力量。

為什麼孩子不肯乖乖坐嬰兒車呢？關於這問題我們必須先確定這個孩子實際年齡有多大，以下兩個階段的孩子的處理方式會有不同：

◇是否寶寶還不會走路，經常坐不住想爬出椅子 讓大人抱著嗎？

◇寶寶已經超過一歲半了，自己會走也能跑，但大人總覺得推著車子比較安全而要求孩子乖乖坐好嗎？

如果是還不會走路的寶寶，不喜歡靜坐在嬰兒車上，有可能是相同姿勢太久身體不舒服、肚子餓了、看到新奇的東西想要離開被限制的位子裡。如果大人逛街或聊天而忘了時間，讓寶寶待在嬰兒車的時間太長，煩躁不安也是難免的。每天讓小寶寶坐在嬰兒車外出散步是一項很好的活動，要注意時間和距離的控制，散步時可以引導寶寶觀察周圍環境有什麼特別的東西，固定的路程到公園或鄰居打招，當寶寶發現熟悉的人事物會很開心，適當的戶外活動對嬰幼兒都具有穩定情緒的作用。

多大的孩子才需要嬰兒車呢？

台灣的無障礙設施很普遍，無論馬路、公園或車站、公共建築上都有斜坡可以讓嬰兒車暢行無阻，所以常見爸媽推著嬰兒車逛街購物，車內坐的孩子看來有兩、三歲了，吵著想要下來玩，可是爸媽卻不許孩子下車自己走，孩子顯得煩躁，媽媽也很生氣：「好好坐著不是更舒服嗎？吵什麼呢？」

對於一個具有行動能力的幼兒來說，強迫他們像小寶寶一樣乖乖坐在嬰兒車內是件無聊的事，若能自己起來走應該會更好玩吧？具有行動力、好奇心，想要動手觸摸是兩到三歲孩子的特點。如果爸爸媽媽能理解寶寶現在需要什麼，就不會以自己的想法，一直給孩子不想要的而爸媽認為最好的照顧方式吧。

Q17 為什麼孩子老愛打媽媽？真令人傷心。

孩子通常不會無緣無故動手打人，如果經常會動手或發脾，可能是表達能力不夠，才會用肢體動作來引起別人的注意。

在兒童發展的過程中，初期在動作發展的速度比口語表達能力更快，所以嬰兒在還不能說話之前，就會用點頭來表示「要」或「謝謝」，也能用搖頭或揮動雙手來表示拒絕。

寶寶在一歲半之前為「前語言期」也算學說話之前的預備期，如果家人能常和寶寶說話，就能發現寶寶竟然能夠分辨不同人講話的聲音、知道每個東西都有不同的名稱。

其實寶寶能認識和知道的東西得比大人想像的更多，只不過因為身體動作還不夠靈巧，口腔肌肉和唇舌之間的控制協調能力還不成熟，所以才無法開口說出完整的一句話。

通常孩子想要什麼又無法完整說出來，身旁的家人會因為猜不到而更著急，如果這時候大人還不理會他或取笑他，孩子就會大發脾氣用打人或更激烈的方法來引人注意。

作正確示範，不能以暴制暴

當孩子有打人的動作出現時，一向採取打回去的媽媽說：「我想讓孩子覺得痛，下次才不會再隨便打人。」但是幼兒無法從動作來領悟到媽媽的用意，反而可能產生誤解。「好，你再打呀！」、「再用力一點」……，有些大人會和小孩一來一往的拍打對方，嘴上還火上加油的要孩子動作，於是孩子和爸媽繼續打來打去，可真教旁觀的人弄不清他們在玩什麼？一點兒也看不出來原是年輕的爸媽想要禁止孩子不可以動手打人。

講相反的話來刺激孩子和動手打回去的作法都不恰當，因為孩子完全不能理解動手打人是不好的行為；反而很可能會促使他們以為動手打人是好玩的遊戲呢！

幼兒還不能理解大人說的相反話，請給孩子明確的指導。

我們要教導孩子想要什麼就要慢慢說清楚，用哭鬧的方式說話別人會聽不懂，所以很的生氣時候記得要練習深呼吸，讓自己心情好一點再慢慢講。有爸爸媽媽耐心溝通引導的孩子，通常在情緒的調節能力方面會比同齡的孩子穩定，也不太會出現動手打人的舉動。

Q18 多大的孩子要學會收玩具？孩子不肯收拾該怎麼辦？

大約在出生後十個月左右，就能用整隻手掌抓握物品，剛開始發現用手可以先抓住再放開，手裡的東西就會掉下來發出聲音，太有意思了！於是寶寶開始把能夠伸手拿到的東西一個一個丟到地上；如果爸媽幫他把玩具撿起來，小寶寶還會重覆不斷將手上的玩具一再丟下來。孩子首次出現亂丟玩具的時期還未滿一足歲，許多大人想教孩子不可以亂丟玩，必須有相當的耐心。這個階段的小寶寶言語警告通常是無效的，要小心經常訓誡：「不能丟」、「再丟就打你呦！」很可能寶寶會記住拍手打人的動作，遇到不開心就動手打人。

新手爸媽不需要為八至十個月寶寶這樣的動作而生氣，因為這是嬰兒動作發展的必經過程，**大人要做的是正確的示範，並不是一再重覆禁止。**

小孩具有天生的模仿能力，他們可以透過觀察來學習家人的一舉一動，即便是還不會開口說話的嬰兒就有模仿力了。如果爸爸媽媽能做到用完東西就收到固定位置的好習慣，而且在收東西的時候說：「這是媽媽的書，書要放在書架。」、「這是寶寶的小車子，車子要放在停車場（固定的櫃子上）。」久而久之，小孩子也可以知道家中的東西放在那裡，還會主動把玩具放回原處。

能走路的寶寶可以學習把東西拿到固定位置，爸爸媽媽要以動作配合指令作示範讓幼兒學習，如果孩子做對了就給孩子拍手鼓勵；如此一來，小寶寶在一個獨處時也會玩重覆排列的遊戲，在完成任務之後還會很高興的拍手鼓勵自己。

兩到三歲期間也是建立秩序感的時期，孩子可以區分大小、形收、分類，爸爸媽媽可開始教導孩子練習「分門別類」，而不是一股腦兒把東西全部丟進大箱子。心急的大人常會擔心小孩動作慢、做不好，經常忍不住動手幫忙，若爸媽也有樣的想法必須調整一下，因為過多的協助或批評會讓孩子想嘗試的動機消失，當孩子產生「反正收東西有人會幫忙，我還小所以做不好」的心態後，才要突然要求孩子自己收拾書包、打掃整理，恐怕要費時又費力才能讓孩子重新改變習慣了。

Q19 孩子動作老是拖拖拉拉的，能夠改善嗎？

孩子的動作熟練度和練習的經驗很有關係，學齡前的幼兒在跑、跳、玩耍的過程中鍛鍊身體的協調能力，正值充滿好奇心的小孩為什麼做事情好像總會慢半拍，為什麼老是提不起勁來呢？充滿疑惑的大人生氣起來會忍不住責怪孩子：「你為什麼動作這麼慢呢？不能像妹妹一樣快點嗎？……」

首先請爸媽千萬不可拿孩子和別人比較，因為每個孩子的生理發展不同、天生的個性不同，照顧的人不一樣……，許多內在和外在的因素都會讓不同的孩子遇到相同情境時，出現完全不同的反應。對於自己為什麼比別人慢呢？孩子往往沒辦法說出一個令家長滿意的答案，而大人急躁責怪的語氣卻很容易讓年紀子的孩子產生負面解讀。

對於動作較慢的孩子，我們要客觀的分析原因才能找到方法讓孩子動作變快。動作慢是否有特定場合，孩子平常做任何事情（包括遊戲時）的動作都很慢嗎？或著只在某種狀況才會慢吞吞。

常見的慢吞吞狀況可能造成的原因：

★平常做什麼事情都很快，只有吃東西很慢。

□食量小，挑食

□零食過多

□吃飯時氣氛不佳

□咀嚼能力不好

★點子很多又愛說話，但出門走路、遊戲動作都是慢吞吞的。

□日常活動空間小缺乏經驗

□身體協調能力待加強

□大人常警告小孩不可以亂跑

□在陌生環境容易緊張

★大人交代事情沒反應，總要別人生氣才開始。

□ 大人講的話太複雜沒聽懂
□ 外在吸引力過大
□ 習慣被照顧
□ 根本沒聽到或是沒記住

孩子的動作靈巧度是透過不斷反覆練習而熟練的。如果遇到被照顧太多而缺乏動手機會的孩子，不可能一時之間就跟上同齡孩子的靈活程度，爸媽必須給他們更多的時間和耐心來練習。

生活經驗較少的孩子，在遇到新狀況時往往不知所措，如果無法跟上其他人會讓孩子本身產生挫折感，他們很需要具體的指導和鼓勵而不是催促。請給動作慢的孩子一點提示或示範，讓他們有充足的時間能夠安心觀察再模仿練習。

Q20

孩子偏食、挑食，該怎麼辦？

僅管每個人的味覺對酸、甜、苦、辣的接受程度都不一樣，但多數人的飲食習慣受到成長的經驗影響很深遠，我們對某種食物的喜好和過往留下的感覺經驗是分不開的。

形成偏食或挑食的原因很多，較好的預防之道是從小就讓寶寶吃各種不同口味的食物，而且大人也不要在孩子吃東西時透露自己的喜好或厭惡。很多大人看到自己不喜歡的食物會露出厭惡的表情或大喊：「好噁心唷！」這時小孩子還未嘗試把食物送進嘴裡，就會產生不安全感，大大降低想吃的念頭了。如果我們不希望寶寶偏食或挑食，至少要在孩子面前減少挑剔抱怨的習慣。

大部分嬰兒並不會特別排斥大人準備的食物，在孩子出生後的第一年，寶寶不宜吃調味太重的食物，大約在出生滿五個月後就可以提供副食品，讓孩子慢慢習慣接受不同味道的食物。

有些媽媽以為兒童專用奶粉或營養食品比吃飯重要，但事實上讓孩子習慣天然食材比較好，食品中若添加過多的化學調味料會增加身體的負擔。

事實上，三餐均衡的飲食就能讓孩子獲得各種成長所需要的食品營養，而不是只放任孩子吃少數方便的食物，再來補充價格昂貴的化學營養補充品。

如果孩子已經四、五歲要改變挑食或偏食的習慣需要更費神。講述營養道理很難引起孩子想吃的念頭；如果強迫孩子非吃不可孩子會產生負向的感受，反而無法讓硬吞下去的食物獲到完整的吸收。所以調整偏食或挑食問題，千萬不能強迫孩子吃，而是要吸引孩子自己主動想吃。

爸爸媽媽可以善用孩子充滿想像力的特質，用些巧思設法法變換食物呈現的模樣，讓食物變可愛能吸引孩子好奇心，有時候也能使用不同的容器、改變食物烹調方式，講述和食物有關的故事……等等。總之，無論吃飯和學習都要在情緒舒適的情況下才能獲得良好的吸收，營造出歡樂的用餐情境，就能讓人胃口大開，爸爸媽媽請不要在吃飯時間生氣唷！

Q21

為什麼孩子很固執，教他也不接受就要照自己方式玩？

爸爸媽媽希望孩子有創造力，而創造力不是長大之後才由老師教來的，每個孩子可能都有創造的天分，只是有些孩子會依照大人教導做事情，也許他們害怕犯錯或還沒有自己的想法。特別喜歡自己動手實驗、也會自己動腦子嘗試不同玩法的孩子，常被大人誤解為不聽話。其實我們換個正向思考，喜歡照自己方式玩是很難得的，他們也可能不會常常想要依賴大人幫忙，會比同齡的孩子更獨立。

照顧者很可能一不小心就用了壓抑創造力的方式養育聰明的寶寶，因為心急的爸媽都會忍不住想要動手給孩子做示範，同時不斷糾正：「你這個不對，這個才是對的。」、「你還小，這個太難了你不會，媽媽幫你比較快啦！」於是長期下來，孩子會等著作個現成的接收者，凡事都要依賴爸爸媽媽來幫忙了。

建議爸爸媽媽多包容孩子的「想自己做」，孩子想動手是主動性強的特質。

大人在兒童遊戲活動時唯一要確保的是「安全性」，而不是完美零缺點。只要在安全而沒有妨礙的原則之下，讓孩子自己先試一試，即使做錯也沒有關係，重新再來就好，讓孩子自己操作，透過視覺和動作去發現為何沒做好。事實上，幼兒必須透過玩遊戲來修正動作，唯有透過自己親自動手去操作過後才能真正吸收理解；否則無論大人花時間解釋得多麼清楚，孩子也仍然聽得一知半解。

不是每個孩子都能按照大人規定的方法玩，要具備基本的語言理解能力（意思就是孩子必須能夠聽得懂），孩子本身的視覺、聽覺和動作協調能力也必須同步配合。成熟而不衝動的孩子才能依照大人指令來玩，如果在三歲之前沒有讓孩子幫家人或幫助別人的練習，當他和同伴一起玩時配合度不太理想也不必太著急，很可能是經驗還不足。

即便爸爸媽媽想要自己認真教，也要依照每個孩子不一樣的發展成熟度來調整教導的方法和目標期許，不要過早給孩子安排超出能力太多的學習，活動時間也要視孩子的體力而調整；否則大人很可能會徒勞無功，甚至誤以為小孩個性固執不肯聽話呢！

Q22 上街看到喜歡就吵著要買，當眾哭鬧不停怎麼辦？

當孩子學會叫爸爸、媽媽，可以正確模仿發聲開始，我們就要教導孩子如何以正確的語調和聲音來說話。大聲喊叫或是哭著講話，讓別人聽不清楚，要教他用別人能聽清楚的聲音來說話。有經驗的老師在親子團體活動中，能夠判斷出那些成員是一家人，因為如果爸爸和媽媽說話都是輕聲細語，孩子在講話的語調或用字遣辭時，相對於其他同齡的孩子也會顯出較為溫和有禮的樣子。

若孩子想要什麼就以哭鬧的方式索求，表示這個孩子還不懂得如何控制情緒，才會看到什麼就立刻想得到。對於一個心智發展還不夠穩定的幼兒來說，在情緒失控的情況下，給孩子講道理是聽不進去的：如果大人因而生氣的大聲斥責，小孩會以更大的聲音來讓人聽見他的需求。

帶孩子上街，孩子看見喜歡就想拿走，此時最好立即先轉移孩子的注意力，不要刻意讓孩子面對具大的誘惑，挑戰孩子的忍耐度。當孩子吵鬧時，大人也不要受孩子的情緒影響，保持冷靜，以堅定的態度把孩子帶離開現場。

預防當街吵鬧的教養祕方：

①**讓孩子明白歸權**。大約一歲之後就可以教導孩子：「這是媽媽的」、「這是爸爸的」、「這是寶寶的……」

②**別人的東西不可以想要就拿走**。不是自己的東西不能亂動，如果想要借用別人的東西要先徵求對方的同意，拿到東西要點頭說「謝謝」。

③**商店的東西必須先付錢才能買回家**。小朋友不能自己隨便買東西，只有在大人陪伴和同意下才可以購物。

④**珍惜玩具和食物**。要學習和朋友分享或交換使用。

上街買東西前可以和孩子討論「今天要買什麼」，出門之前寫出（或畫出）一張明確的購物單，和孩子一起玩購物遊戲。**沒有寫在單子上的東西，就不可以買！**大人和小孩都要共同遵守這個規則，爸爸媽媽也要控制自己的購物衝動，不要輕易破壞約定。

Q23 睡覺一定要大人陪，到底要不要配合？

通常會要求大人陪著才能睡覺，是因為照顧方式而養成的習慣；若家中沒有足夠的人手可以專門陪伴，當小寶寶睡覺時間一到放進嬰兒床內也可以獨自入睡。「孩子到底自己睡或和爸媽一起睡好呢？」這沒有好或壞的區別，每個家庭居住的空間條件不一樣，爸爸媽媽不必太介意外在環境條件，因為孩子更需要的是一個安全穩定的作息時間，而不是陪在大人一起熬夜。

通常新生兒可以放在嬰兒床內，寶寶未斷奶前將嬰兒床在媽媽房間能方便照顧，等到寶寶學會走路之後就可改睡到自己的小床上了。且每天早睡早起有助於孩子的身體成長和發育。

外出旅行時，我們常能看見孩子坐上車不久就熟睡了，所以夜晚玩累了也會比大人更容易入眠，小孩子不太常有失眠的困擾。研究發現人體在晚上十一點鐘至凌晨時間是生長激素分泌最旺盛的時期，充足的睡眠對幼兒和發育中的兒童十分重要，更有助於白天的學習和記憶。

在都市生活的孩子們普遍活動的空間不足，白天若沒有充分的運動量，晚上回家可能會靜不下來；媽媽不懂得這個道理，只是一味強迫孩子乖乖躺好，當然得花很多時間陪著孩子，千方百計要孩子快點睡著。即便爸媽押著孩子得躺好不能動，也只是暫時的，因為很有可能在大人睡著後，小孩還是清醒著。

體力旺盛型的孩子特別需要比同齡小孩更充分運動，否則每晚到睡覺時間依然處在想找刺激的狀態，往往會表現出焦躁不安的樣子。

有些孩子吵著要大人陪是希望爭取更多時間和爸爸媽媽聊天，對於白天忙於工作的父母來說，可能回家已經不太想說話了，但是透過每天十五分鐘的睡前說故事時間專心陪伴孩子是很重要的，溝通時間其實不需要很長的時間，而是必須放下手上的事情，專心聽孩子說話。輕鬆無壓力的聊天能讓爸媽更明白孩子的想法和說話的表達能力。

具有安全感的孩子較早可以獨立上床睡覺而不會要求大人陪伴。

在睡覺前的親子共處時間，請減少糾正幼兒想像力的訓示或警告，多用幽默和鼓勵的方式引導孩子看待一天的所見所聞。如果孩子常會說：「媽媽今天我很快樂唷！因為……」大致已經不用大人陪著睡覺了。

Q24

吵著要出去玩，出去又不願意配合怎麼辦？

孩子天生就有強烈的好奇心，每個寶寶都期待可以出去玩，連不會說話的小寶寶也會指著大門的方向希望大人抱著到外面散步。為什麼孩子出了門又不願意配合而讓爸爸媽媽覺得困擾呢？客觀來說，兩者的目標和做法可能並沒有達成一致的共識，才會出現「孩子不願意配合」的矛盾衝突。

想去那裡？想玩什麼？期待和結果不同

幼兒想要的「出去玩」其實不需要很長的時間或昂貴的費用，通常只需到住家附近公園散步、到熟悉的商店買東西，孩子們看到和家裡不一樣的擺設和人物就能產生新鮮感，只要有人能夠陪孩子去體會有趣的事物，孩子就會覺得

「好玩」。

大人對「出去玩」的想法和孩子可能有極大的落差。大人總希望可以給孩子最好的，有些認真的家長在出門前就會打聽去什麼地方比較好玩？每逢假日一些網路上評價較高的旅遊場所就會引來大批的人潮。但萬萬沒想到有人出門就開始抱怨塞車很煩、搭車排隊很無聊，突如其來的狀況可能會使原本興奮的期待感大打折扣。

「成天吵著要出來玩，為什麼爸媽特地帶你來了還不快去？是不是故意找大人麻煩呢！」遇上孩子到達目的地而不肯配合時，請大人先維持冷靜的心情，不需責怪孩子為什麼不想配合，而要設法引導孩子點燃參與活動的熱情。因為不少孩子內心想要和別人一起玩；但可能經驗不足、怕生緊張或身體太累等等原因，都會讓孩子在陌生的環境呈現放不開的情況。

家有年紀小的孩子在安排親子活動時，首先要考慮孩子的體能狀況，遇到突發情況也要保持樂觀而有彈性的應變能力，如此才能保有輕鬆愉快的心情，充分享受親子共處的珍貴時光。

Q25

叫孩子做事時都不配合，不理他又自己做，是故意唱反調嗎？

當我們和不同地方的人溝通時，即便講同樣語言，但是因為習慣用語不同，也會一時之間沒聽懂對方的意思，必須經過一番解釋之後才能想通。大人和小孩溝通時也常有類似的誤會，由於孩子的理解能力還在發展，如果爸爸媽媽平時和孩子相處的時間不夠長默契不足，爸媽以和大人溝通的方式來教導孩子，很可能會解釋老半天，而小孩子依然完全不懂自己該從何開始著手。

「這也太奇怪了，每次我問他：『剛才媽媽說的事情你聽懂了嗎？』兒子都說聽懂了，問他：『會不會？』也大聲說：『會啦！』每次叫他把玩具收好就是不肯動，總要等到我失去耐心不想再理他，一個人的時候才會動手。」這位求好心切的媽媽，常忍不住想對孩子發脾氣。

遇到小孩子聽到大人解釋很久還沒動作，建議爸媽仔細看看孩子的表情。「孩子有真的聽清楚或聽懂嗎？」眼神和臉部的神態都能透露出訊息。有些爸媽會在孩子的背後交代事情，然而孩子很可能正專注在手上的活動或遊戲，只是隨口發出聲音來回應大人，可是其實完全沒有搞懂大人說了什麼。

幼兒的語言發展會經過一個仿說的時期，兩三歲的孩子回答大人的問題時，常常會跟著把最後一、兩個字重覆講一次，但是他們並不一定理解大人說的話是什麼意思。爸爸媽媽不知道原來幼兒回答「聽懂了」只是我們所了解的「仿說」而已，不代表寶寶真正懂得其中的意義。

如果孩子超過了五、六歲經常回答「我知道」、「聽到了」但依然沒有動作，這時候就需要調整孩子的習慣和態度了；能真正聽懂卻不配合，請客觀的檢視一下是「意願」或「能力」而造成的。此外，保護過多或溺愛過度也會剝奪孩子動手練習的機會，習慣被別人照顧的小孩子，在聽見老師的指令後仍然坐著發呆而毫無反應，因為他們可能不清楚必須在什麼時間自己設法解決問題，這類的孩子只是經驗不足，請先別錯怪他們是故意唱反調。

Q26 為什麼孩子時常找不到東西，放在眼前的東西常看不到？

由於幼兒的注意力容易被外界刺激所吸引，所以許多小孩在找東西的過程中，經常會出現還沒找到目標就玩起其他不相干的東西來了，也有些孩子最後還會發生忘記要找什麼的情況，類似的行為常使爸媽忍不住發火。其實無論小孩或大人，都可能會有找不到放在眼前的東西的情況，很可能是東西放置在混亂的物品當中，或者被別的物品蓋住了一部分而不容易發現……等等。

觀察能力特別好的大人常會以為經常找不到東西的人只是「不夠用心」、「沒有仔細看」。其實，若以生理發展的角度而言，幼兒時期眼睛的視力和視覺覺知能力在仍處於一個持續發育的過程中，即便是眼睛看到了，也不代表孩子能明確知道放在眼前的東西是什麼？它有什麼用途呢？

在專業的視知覺研究當中發現，當孩子「視覺搜尋能力」的發展不良時，如同一本書被放到放滿書的書櫃當中，很難一眼就發現，有這情況的人也可能上網查資料也必須花很多時間、看書容易找不到重點。

請不要責怪孩子：「為什麼你不用心？」因為有些人確實花很多時間找了，可惜他就是找不到。對於這樣的孩子不宜一再責怪或用言語刺激、取笑他，否則有可能會選擇放棄努力而更依賴大人幫忙。

TIPS

教出眼明手快的尋物高手：

一、學習認識生活常見的物品名稱。

二、在拿東西給孩子時，告訴寶寶這是什麼？

三、和孩子討論各種東西的外形特徵，包括：顏色、形狀、質感……等。

四、在孩子找不到東西時，說一些具體的提示。

五、經常玩尋寶遊戲。

六、培養東西用好就收回原處的好習慣。

Q27

為什麼買很多圖畫書，但孩子每天只要看熟悉的那本？

家裡買了數十本圖畫書，為何孩子偏偏要求媽媽唸同樣的一本，無論如何想換新的都不願接受呢？許多幼兒都有類似的喜好，總教爸爸媽媽百思不解。類似的情形常發生在二至三歲前後，是幼兒語言發展進步最快的時期，孩子對於單字、詞彙的記憶力提高了，對於大人講話和說故事內容的理解力日漸增強，所以每當孩子聽到重覆熟悉的音樂或故事時，就特別有親切感，孩子預期和聽到的一樣時，可以滿足和增強自信心，況且固定的家人陪讀也具有安定情緒的作用。

根據心理學的研究發現，幼兒需要和家人建立安全依附的關係，所以不少記憶能力佳的寶寶其實早就已經熟記媽媽所講的故事內容，更多時候他們需要的是，大人陪在身旁，可以安心聽故事的熟悉感。

鼓勵孩子看圖說故事

其實孩子喜歡同一本書並沒有什麼大礙。若想多些變化，可以鼓勵寶寶由被動的聽故事者，進步為主動拿書過來，和爸爸媽媽一起看圖說故事。

當爸爸媽媽發現說故事如果不小心漏掉部分情節時，寶寶還能夠立即糾正，這時不妨嘗試讓寶寶練習說故事給大人聽，無論孩子能否完整說出故事內容，都給予肯定和讚美：「講得真好，明天媽媽還要再聽一次。」當角色互換之後，即便是相同的一本書，孩子也能獲得完全不同的樂趣和經驗。

如何讓孩子愛看書?

孩子對熟悉的圖案或主題比較感興趣，給幼兒選書不必印有滿滿的文字，反而圖畫的效果更具吸引力。視覺經驗比較豐富的孩子，比較有看圖聯想的舉一反三能力。看書的習慣也可能會經由模仿而來，如果孩子能從小看到大人在閱讀，就會模仿大人的動作，逐漸對文字感到好奇。

大約兩三歲開始，孩子就會經常問：「這是什麼？」、「這是誰的？」

當您發現孩子常問爸爸媽媽正是孩子好奇心最強、最想學習的時刻，這時候請耐心而清楚的回答孩子的問題。許多喜歡追根究柢問清楚的孩子，不喜歡別人以開玩笑的口吻隨意打發他們，請和孩子一起找答案引導孩子慢慢去發現更多有趣的事物。

Q28 如何改善孩子動不動就哭的習慣？

孩子在什麼情況下容易哭呢？哭泣的表現也有不同的程度，首先爸媽要學會觀察孩子是處於什麼樣的狀況，才能夠協助孩子減低哭泣的次數和時間。

【觀察一】

身體不舒服嗎？

當孩子感覺身體不舒服時，會比大人更難以控制自己的情緒，在孩子成長過程中難免會遇到長牙、感冒或跌倒受傷的情況，若孩子本身對痛覺的感受較敏感，在遇到這些情況時就會混身不舒服，當刺激感受超過身體所能忍受時，孩子只能用哭來反應了。

如果孩子偏向敏感型的體質，平時要多讓孩子接受不同的刺激，讓孩子身體自我調節的機能更好，自然不會遇上一點突發的特殊情況便哭鬧不休。

【觀察二】

表達能力好嗎？

嬰兒會用哭聲來吸引大人注意，不同的哭聲也代表不同的意思。當孩子開始學習講話之後，爸媽就要讓孩子習慣使用說話來表達需求；如果孩子無法讓別人聽懂自己的意思，便容易像嬰兒一樣以哭來表示。

【觀察三】

環境有什麼改變嗎？

嬰幼兒和良好的照顧者會培養出一定程度的默契，並且建立出穩定的安全感。孩子遇到搬家、生病、換保母、多了弟妹、上幼兒園等等情況，都可能造成孩子和大人不適應，間接影響到家人的情緒穩定。爸爸媽媽面臨環境變動的情境發生時，請先調整自己的心態；保持樂觀的態度、多說好話、避免抱怨，孩子也會因為大人呈現的安定態度而降低焦慮。

當我們冷靜找出孩子常哭的原因後，下一步就是讓孩子學會調整自己的情緒。請不要讓孩子無限制的哭鬧不止，因為劇烈的哭喊會讓呼吸變得極不穩定，腦部缺氧而影響正常的思考判斷能力。

悲傷時會流淚是正常的，同理心強的孩子看到別人傷心也會跟著想哭，所以適當的表達情感不要禁止。爸爸媽媽只要教導孩子學習體察自己的感覺，不能以「哭」成為想得到東西的方法。無論是大人或小孩，發現自己傷心難過時都可以練習深呼吸，重覆幾次之後腦子和身體都會舒緩一些，然後才能把話講清楚。

Q29 叫好幾次才有回應，是什麼問題？要糾正孩子的態度嗎？

「實在無法忍受這小孩不理人，叫好多次也沒半點回應。如果長大還是這種樣子，怎麼和別人相處，找機會教訓會有用嗎？」

「也許孩子沒有想偷懶，會不會是他壓根兒就沒聽到大人在對自己講話呢？」

請先別生氣，我們可以冷靜回想一下是否溝通的方式需要調整。不管是大人或小孩，講話的人都會希望對方有回應，才能達到良好的溝通。如果只有單方在說話，但是另一方並沒有聽見、聽不懂，當語言傳達產生誤會，便容易引起情緒的反彈。

如果想避免發生親子溝通不良的情況，在爸媽和年紀小的孩子說話時，講話的聲音、和說話速度都要準確清晰。對孩子交代事情就必須簡單明確，一次只說一件指令，並且要用孩子能理解的詞句來說明，由於大多數的幼兒還無法理解大人說話時使用暗示或講反話，所以當孩子聽不懂大人所講的話時，自然就無法在第一時間內作出正確回應。

在大腦發育還不夠成熟之前，幼兒無法同時接收太多資訊刺激。人類大腦神經細胞突觸的連結是隨著外界不斷刺激經驗而增長的；如果拿孩子和大人作比較，兒童對於訊息整合判斷的經驗相對還是相當不足的，當孩子無法有效的過濾訊息時，一次便只能做一件事情，環境若有太多的刺激容易混亂孩子的思緒，而顯得不夠專心。

試想，如果孩子在遊戲時，媽媽和孩子若中間相隔一段距離來交代事情，如果家中還開著電視或音響，大人說話聲混雜在各種嘈雜的聲音當中，這時小孩又正投入在手上的玩具或正在看書，那麼很有可能孩子其實根本沒聽清楚媽媽反覆交代的話。

TIPS

養成良好的親子溝通從細節開始：

一、讓孩子看見大人說話時的表情和動作。

二、交代事情要確認對方收到訊息。

三、不在嘈雜的環境大聲喊話，輕聲細語更能引發孩子的好奇心。

四、有人在說話時要專心聆聽，不可以隨便插話或吵鬧失禮。

五、聽見不懂的事情或聽不清楚時，要有禮貌的問清楚而非放任不理。

Q30 講過的事馬上忘，該如何改善呢？

如果孩子聽了大人交代的事情總是很快忘記，通常可以加強「聽覺記憶」方面的能力。透過遊戲而讓孩子練習回想一下看過或聽過的影像，因為具體的形象可以幫助大腦記住，會比單純用語言來講述形容更容易讓兒童理解並且記得住。

有些孩子聽完老師講話的故事可以很快講給別人聽，但有些孩子對兩分鐘前交代的事確完全忘記了。通常大人會責怪小孩：「為什麼不用心？」

小孩子能否記得住大人講的事，可分成三個階段：首先孩子必須能聽得清楚，其次必須要知道對方說話的意思，最後才能做出正確的回應。

幼兒時期是大腦發育最快的時期，任何可以讓孩子動腦又動手的活動都有機會提供大腦新的經驗刺激。所以當寶寶的身體發展進步到足以獨自行走移動身體位置之後，孩子就需要大量的遊戲活動。

直到上小學之前，孩子生理上需要大量的動態活動，能專注的時間自然就比較短，大人講話就有可能只能聽到一部分而無法全部吸收，才會呈現講過就忘掉的情形。要改善記憶力就要先懂記憶是如何形成的：

大腦研究專家通常把「記憶」分為「短期記憶」和「長期記憶」兩種。長期記憶由大腦中的海馬迴掌管長期記憶，對於和情緒有關的事情記得最久。而短期記憶又叫工作記憶（working memory），能夠對訊息進行編碼和分類，當大腦接收到聽到或看到的訊息，經過判斷形成意識後才能知道——這是什麼。

爸媽都知道「熟能生巧」的道理；很少人學新的事情能在頭一次接觸時就熟練的。腦內工作記憶處理訊息的效能可以透過練習而變得更好。換句話說，腦子越用越靈巧，少用的大腦神經細胞突觸連結會退化消失，所以有人說「腦子不用就會退化」並不是輕率的玩笑話，是完全符合科學原理的。

想改善記憶可以和孩子玩記憶和聯想的遊戲、詞語接龍……。可是根本上爸媽媽還要學著忍受一些不完美，別急著太快幫孩子做事情，讓孩子有更多機會自己動腦想一想。

Q31 孩子很依賴，不肯自己動手怎麼辦？

「我家女兒就是學不會收拾房間，下班想找她幫點忙也叫不動，不如我自己做還比較快！」很多爸媽都會因為叫不動孩子而生悶氣，忍不住問：「難到小孩子都是被動的嗎？」

其實小孩子也可以是勤勞而主動的。生活條件相對缺乏的孩子，似乎更勤勞一些；習慣被照顧的孩子，反而會失掉很多自己動手的練習機會。爸媽要先找出孩子會依賴是因為「不會做」或「不習慣做」，再來研究調整改善的方法。

小心，孩子的被動可能是大人造成的！

孩子想要主動學習的時間開始得很早，可惜多半被照顧太周到的大人禁止了。大約出生滿十一個月的寶寶就想自己拿湯匙吃東西、一歲半左右的寶寶愛模仿大人動作，總想要自己脫鞋、模仿擦桌子的動作……

寶寶想自己吃飯和手部控制能力有關，在孩子需要練習的時候一旦錯過，大人又經常說：「你還小這個你不會，讓媽媽幫你……」長期被灌輸自己沒有能力做好的話會如同催眠一樣，孩子天生具有的挑戰欲望會日覆一日的消耗掉，於是便形成被動等待的習慣。堅持要自己動手的孩子會被大人認為不聽話，可是他們的動作會比較熟練；向來總是乖乖聽話而缺少經驗的孩子，主動解決困難的能力就減弱了。孩子「不會做」只是缺乏經驗和引導，明智的爸媽要從旁協助，適時給些提示就好，千萬不能一直幫孩子做事情，否則就無法改善孩子凡是問大人而不自己思考的生活習慣。

讓孩子體會助人的喜悅

每個人都希望自己受到尊重，我們要讓孩子從小學習分享、關心家人的需要。幼小的孩子天生都喜歡幫大人做事情，爸爸媽媽要給孩子製造機會，例如：請孩子幫忙拿東西、吃飯時幫忙準備餐具等等，當孩子完成任務時就稱讚這些好的行為，孩子就會更樂於重覆大人鼓勵的活動。當孩子體會到助人的喜悅，自然會由依賴轉變成主動積極的人。

Q32

孩子上任何的課都說不好玩，是否就別浪費錢了？

孩子喜歡遊戲，但遊戲過程也會遇到挫折。舉例來說：玩積木堆不好會一再倒下來，孩子必須耐著性子重新再來一次，如果失去了耐心就會覺得這種遊戲不好玩。益智玩具太無趣，改玩家家酒遊戲就不會傷腦筋了吧？事實可不一定。

有時孩子會抱怨：「我不要和他玩，他很小氣東西都不借別人。」即便玩遊戲孩子也會有覺得「不好玩」的時候。雖然幼兒有時會和其他同伴遊戲發生衝突，只要當下沒有大人太快介入調解，通常孩子們也有能力可以自己協調出相處的模式，轉眼間又能玩在一起了。

「上課」是一種有目標和進度的學習，無論是什麼類型的課程，上課和單純的「玩耍」顯然大不相同，每堂課不可能一直感受到新鮮好玩的樂趣，在課程進展過程中會遇到難度時，孩子必須設法突破，爸爸媽媽和老師就必須鼓勵孩子堅持下去。

「我們只想培養孩子藝術欣賞的能力，能多一項興趣更好，並非想要他當職業的音樂家，孩子不喜歡就算了。」不想強迫孩子的爸媽會這麼說。

抱持這種想法的爸媽更要三思，因為一旦和孩子溝通好參加任何課程，最好也慎重評估接送的交通和時間問題，能否有大人可以陪同持續一段時間，要學就不要隨意中斷或隨便缺席。

少數孩子接受新環境的時間比較長，進入新環境對同學和老師都不熟悉更容易緊張，當孩子還在觀察期請不要太快放棄。

如果想讓幼兒學習才藝類課程，最好先由欣賞開始，不要一開始就強迫幼兒一直做體力無法負擔的單調練習，才不會造成孩子排斥的反效果。

每種課程都有適合的年齡和基本能力，太快讓孩子參加過多的課程或難度太高的課程都不適合，所以安排課程的決定不該只憑孩子說好玩或不好玩來判斷，必要時家長可以向有經驗的老師請教諮詢，而不要盲目追趕流行。

Q33 孩子玩遊戲時很固執，不肯聽大人教怎麼辦？

兒童遊戲時「安全」是首先必須關心的重點。幼兒從事運動類遊戲之前最好也要做暖身操，讓孩子耐心聽完遊戲規則，大人也要在過程中關注孩子的一舉一動，適時指導才能避免發生危險。除了陪同之外，教導孩子具有保護自己的意識是必要的。

如果遊戲的性質無安全性的疑慮，通常幼兒玩遊戲時是不需要規定特定步驟的，把安全的東西交給孩子自己玩，能觀察出孩子探索實驗的過程，有時孩子在玩遊戲的過程，還會出現許多令大人意想不到的驚喜。

若爸媽想引發孩子主動性和想像力，給孩子新玩具是不需要大人事先教的。

「不看說明書就亂玩可以嗎？」、「不教怎麼會？」……這些都是不必要擔心的大人想法。玩具說明書是給大人參考用的，不會認子的孩子可以經過操作實驗而得到新的體會，在操作中不斷嘗試才符合幼兒的學習過程。

寶寶不睡覺的時間就是一次又一次的玩弄物品，經由這些簡單的過程學習認識身旁的人、事、物，大人看起來單調又無聊的動作，孩子能夠樂在其中達到學習與練習的效果。

儘管很多玩具在設計時可能具有寓教於樂的功能，但是建議爸爸媽媽無須把焦點放在孩子能從每一次的遊戲中學到什麼新的課題，否則即便是好玩的遊戲也會變得很無趣。

很多不喜歡爸媽一起玩的小孩會抱怨：「不公平，我都沒有玩到……」原來是大人興匆匆給孩子買了新玩具，回家就忍不住想要示範給孩子看，小孩才一動手做得不太好，大人馬上又搶過來自己玩……，搞到最後大人玩的時間最長，小孩子反而成了旁觀者。

親子互動的時間，就讓遊戲單純只是遊戲吧！太嚴格的糾正孩子要依照說明書來玩，可能會限制住一個有創造力的孩子，很多微小的溝通會造成親子互動時的衝突。試著增加一點幽默感和想像力，大人和孩子就會更親近。

Q34 孩子對交代事情好像左耳進右耳出，該怎麼辦？

孩子能不能記住爸媽講的話，除了本身的聽覺理解和記憶能力強弱有關，也和孩子的控制衝動的抑制能力有關係。在兒童和成人相較之下，大腦對於訊息的判斷和處理經驗很薄弱，因此孩子無法完全記住爸媽講的話，即便「短期記憶」能協助大腦記住並且能夠跟著朗讀一次，隨後孩子在執行的過程中，如果看到或聽到更新奇的訊息也很容易被吸引而忘記五分鐘前所記住的指令。

類似這樣講過又很快忘記的情況，在幼兒階段是很普遍的，等到孩子更成熟之後，就會抑制衝動的能力會大大提升。所以爸爸媽媽也無須要太早擔心小孩子怎麼很快忘記，兒童忘記大人交代的事情和老年人記憶力消退是完全不同的原因；如果孩子對於自己想要的事情可以記得很久、會一再提醒大人要什麼事情，孩子的記憶力仍是正常的。

想調整孩子左耳進、右耳出的情況，可以從日常生活中來練習。爸媽可以嘗試以下的方法簡單的方法，培養孩子的觀察力：

①外出散步時和孩子一起說出認識的物品，例如：商店招牌、交通標誌。

②拿五張撲克牌片和孩子玩翻卡片的遊戲，輪流請對方找出指定圖案或數字。

③和孩子一起聊聊白天遇到的事情，練習記憶回想並說出來。

幼兒都想成為大人的好幫手，有機會動手的孩子會因為得到別人的鼓勵而加強自發性的行為。如果大人總認為孩子年紀小還不能夠記得，不曾給孩子練習的機會，那麼孩子也對大人交代的事情也不會特別注意。

有些媽媽會抱怨孩子不能交代事情，但從不放心讓孩子自己做。事實上無論基於「擔心小孩做不好」或「捨不得孩子太累」……。試想，大人交代的事情就算沒有達成，也會有人接著做完，那麼何必動手呢？再怎樣愛護孩子也不能剝奪孩子成長的機會，所以無論是爸爸或媽媽都要避免成為不滿現況、但又促使孩子形成不良生活習慣的推動者。

Q35

孩子很容易分心，做事無法持續該怎麼辦？

「爸爸，那是什麼聲音呀？」

「媽媽你在做什麼？」

經常有孩子在玩遊戲時比大人最容易聽見屋外的聲音，也會因為身旁有人講話而分心停下來。

「叫他寫個功課都不專心，一會東摸摸、一會兒西摸摸，怎麼辦呢？」

孩子寫功課時會玩弄桌上的東西，也是爸媽最無法忍受的情況。大部分的家長都希望孩子專心，不管是學習或做事都要又快又好，但可惜只有少數的孩子能達到爸媽理想中的境界。這是因為幼兒的聽覺比較敏感，幼兒視覺周邊視野比中間視野更快發育，所以容易被外界吸引而東張西望，大人也會感覺孩子好像容易分心，忍不住擔心萬一影響將來上課的專注力可不好了。

想讓孩子專心做事情必須內外兼顧，大腦抑制衝動的能力必須依賴孩子生理發育成熟，這是急不得的事情，所以需要耐心等待大腦發育成熟才能做有效的學習。當孩子還不能有效過濾干擾之前，建議爸爸媽媽能為孩子布置一個固定的學習角落，不要把玩具或新奇的玩具放在孩子學習的桌子上，才能夠避免孩子在畫畫、閱讀或靜態活動時，受外在吸引力的影響。

我們無法期待幼兒能長時間維持安靜不亂動，不懂孩子的家長為了想讓孩子快點做完功課會警告孩子：「在功課沒寫完之前，不準離開椅子上！」

這無疑會是個無效的限制規定；原因是大人的指令缺少時間限制，孩子分不清楚當下必須做什麼事情才是對的。天真的孩子擁有最充足的時間，因此大人急壞了，他們可以邊玩邊做事，身為主角卻一點兒也不著急。

想培養孩子專注力，要讓孩子有時間感。

通常當孩子能分辨數字後就可以開始學習認識時鐘。讓孩子在規定的時間內專心完成任務，開始練習時三分鐘達成任務就很好，依照孩子的熟悉程度和年齡增長逐漸增加專注時間的要求。幼兒園的孩子通常可以維持十五分鐘左右時間內專心投入的某種遊戲，在靜下來玩積木、畫畫或聽故事時，中途也不會突然站起來跑來跑去，便不算是特別容易分心的孩子。

孩子多半都不喜歡枯燥乏味的反覆練習，領悟力好的孩子也會有很好的聯想力，總想在遊戲時想加入更多的材料進來，不會安於一次只玩一種玩具。如果爸爸媽媽能耐心從旁觀察孩子怎麼玩，若是孩子翻出玩具箱忙個不停……大體上看起來也「亂中有序」暫時不必要過於緊張，或許將來還會有可能成為創意高手呢！

Q36 不到二歲的孩子想用瓷碗，到餐廳吃飯時要讓他用嗎？

寶寶在二歲前後就開始發展「自我意識」，如果孩子特別強烈想要自己動手，從心智發展的角度而言是很好的現象，因為這意味著孩子腦子越來越聰明，才會出現學習的動機、接著想要展開主動積極的探索。這時的寶寶身體協調能力和手指控制能力依然還不夠成熟，拿東西的技巧就無法像大人一樣穩定，所以才教爸媽擔心吧。

請不要誤解成孩子想要故意找麻煩，才會捨棄專用的兒童餐具，一直吵著要用大人的餐具。小寶寶因為觸覺和視覺發展更進步，才有能力清楚分辨出塑膠碗和瓷碗是不一樣的，況且幼兒擁有與生俱來的模仿學習的能力，連湯匙都用不好的小寶寶很想和大人一樣也不足為奇。

讓孩子練習自己拿湯匙或筷子進食是必要的，媽媽深怕孩子會敲壞餐廳內的瓷碗，看孩子自己吃飯時才會提心吊膽。平常在家若能有充分的準備和練習，帶寶寶外出吃飯就是很好的生活體驗，不見得所有寶寶都會在吃飯時吵鬧；能安靜坐下來耐心用餐的寶寶也很多。總結下來，能否拿好餐具進食和練習時間的長短有關，並非與孩子的年齡成正比。

當幼兒在公開場合吵鬧時常教爸爸媽媽感到頭疼萬分，最好的方法是設法先轉移孩子的注意力。二歲孩子的語言能力快速進步，會開始有自己的想法，若孩子還無法用完整的句子來表達想要的意思，和寶寶溝通就要用引導的方式。孩子雖然能分辨好壞，可是卻還沒辦法控制住情緒反應，而有哭了就停不下來的狀況；當孩子吵著想要又不能滿足他時，誘導孩子轉移目標才能化解吵鬧不休的情況。

如果孩子想使用大人的瓷碗又確實有損壞的疑慮時，可為孩子準備自己專用的餐具，開始讓孩子對保管自己的東西建立初淺的概念和歸屬感，能夠記住「這是我的……」、「這是媽媽的……」未滿三歲的孩子還不太能理解爸媽講道理，只需要給孩子明確的指令就可以了。

Q37 總是問個不停，該如何解決孩子常問為什麼？

當孩子進入會主動發問的階段，表示大腦已經有意識的學習了，這是個很好的進步，只是有時大人可能因為正忙著其他的事情，難免被孩子問到失去耐心。大部分孩子會提出問題表示有不了解的事情，若孩子經常發問，反而比沒有問題更好，因為他們具有主動思考的特質，不會被動或對任何事情漠不關心。

然而也會有孩子其實明明知道答案，卻不只一次問相同的問題……，對於這種「明知故問」型的孩子，可能因為想要獲得注意而提出問題，我們要從心理層面多給予關心，反而不是單純馬上說出答案就能滿足他們了。

通常二歲左右的孩子最愛問：「這是什麼？」這是進入學習語言字彙能力最快的時期，對於每樣東西都有個名字的事情感到很有趣。這個階段的孩子喜歡重覆看圖卡的記憶遊戲，爸爸媽媽可以和孩子一起玩，輪流把認識的圖案說出來。

對幼兒來說能和大人對話、正確回答問題是很重要的，當孩子能夠記住很多單字或形容詞之後，下一個階段就是練習講出完整的句子。

「為什麼……」能問為什麼的孩子思想反而更成熟。

想讓孩子成為能言善道、表達流暢得體，千萬別覺得小孩愛問是件很煩的事情；因為教孩子安靜不要講話，會壓抑孩子練習和表達的機會。家有愛發問的孩子要教導他們學會判斷「什麼時候可以講話」，也要教導孩子發問時的禮貌。少數喜歡發問的孩子，對學習語言的興趣高，但不輕易外顯出來。看似安靜的孩子，也可能在陌生人在時不會回答，只是安靜聽大人聊天說話，回家後卻向爸媽問個不停……總之，勇於發問是積極的優點，如果爸爸或媽媽願意在孩子提出疑問時耐心回答，孩子的生活常識也會其他同齡孩子更豐富，而父母能做的是引導孩子持續保有主動學習的熱情，請試著接受孩子的問題。但有時，父母不一定能提供正確答案，此時我們只需要支持孩子的好奇心，「孩子你問的好！爸爸媽媽也想知道，我們一起來想辦法找答案吧……」

Q38 孩子玩遊戲動作粗暴，給人很粗魯的感覺怎麼辦？

孩子在遊戲或日常動作都有粗魯的感覺，有可能來自於孩子控制動作的能力還沒掌握，也可能受到環境影響模仿學習而來。所以很多專家建議孩子不可以看暴力的影片，就是要減少判斷力不足的孩子模仿不適當的行為。如果爸爸媽媽覺得環境中這種暴力條件不存在，那麼就要從孩子的動作來分析，找出協助孩子改善的辦法。

無論走路或跑跳運動都需要有良好的協調能力，出生的嬰兒還不能靈活控制雙腿和雙手，必須經過無數次的練習才能讓跑、跳或抓握等動作更精準。活動量很大的孩子需要更多運動才能滿足；然而，每個孩子身體發育的成熟度不同，如果孩子的協調性還不夠穩定，就容易出現動作大過、施力過當的情形。

無法掌握力量大小的孩子玩起遊戲用力過當，才會讓別人感覺粗魯，有時候連自己一個人走路或跑步也會撞上東西而發出巨大的聲響。

與其禁止孩子不可以做什麼，不如明確的指導孩子應該怎麼做才對。教導動作粗魯的孩子，要清楚做出正確的示範；大聲禁止孩子「不要那麼粗魯」、「放東西不會輕一點？」通常只會讓爸媽愈罵愈生氣。

動作大的孩子或許根本就不知道如何做才對，用口頭上的質問或責罵都不能有效改善，我們就必須用動作來示範。唯有讓孩子透過身體動作的調整，才能夠親身體會到該如何用力才是適當的。

如果孩子遊戲動作比較大，也容易和同伴產生肢體上的衝突，要教導孩子不小心撞到別人要說「對不起」。在調整孩子動作的精準度的過程需要一段時間，所以也要提醒孩子在遊戲時必須注意環境的安全，他們可能對高度、距離和速度的判斷上失準而喜歡上刺激的活動，大人必須注意孩子在活動前先做好安全保護措施。

Q39 怎樣才能改掉孩子吃飯坐不住、吃飯時間拖太久的習慣？

嚴格來說，小孩子「吃飯坐不住」和「時間拖太久」是兩件事，分開討論才能針對不同的狀況設法改善。

若孩子有「吃飯坐不住」的情況，首先判斷孩子是否還不餓。飢餓就想吃東西是人類生存最基本的生理需求，嬰兒都有求生的本能，沒有任何誘惑或好玩的事情比飢餓的問題更重要了。學會走路之後的小孩也無法忍受肚子餓，如果吃飯時總是坐不住而四處走動，基本上可以判定小孩還沒有達到飢餓感的狀態。如果想要孩子與家人一起吃晚餐就要特別調整孩子的進食時間，不要在用餐前二小時吃點心，才能讓孩子在吃飯時間能專心坐好吃飯。

現代人生活條件充裕，普遍上大人們都會希望孩子能再多吃一點，但幼兒感覺不餓了就想離開餐桌，也是很正常、可以理解的事情。只是年紀小的孩子也有等待的能力，爸爸媽媽要教導孩子必須等大家都吃飽才離開餐桌，即便在家吃飯也該讓孩子學習基本的餐桌禮儀。

「孩子可以不吃飯嗎？」不吃飯而吃其他主食是可以的，照顧者要讓孩子獲得均衡的營養，不可挑食或偏食。每個孩子的食量大小與生活習慣有關，舉例來說，有些家庭日常飲食的種類變化很多，有些人就非要吃飯才有飽足感。如果孩子的食量不多，但每天活動力十足、精神和體力都很好也就足夠了，不必強迫孩子每一餐都必須吃完一碗白米飯才罷休。

最佳的吃飯時間：卅～四十分鐘

「吃飯時間拖太久」的原因除了孩子不餓之外，大致上不外乎是牙齒咬合或吞嚥能力不佳，或者有挑食或偏食的習慣。咬食吞嚥的能力與練習很有關係，常吃太軟的食物缺乏咀嚼練習，所以在孩子長牙之後，就要學習和大人一起吃飯。

如果沒有從小培養孩子良好的用餐習慣，不管孩子多大了，照顧者仍然習慣端著碗跟在孩子身後，玩一會兒、餵一口，吃飯時間拖太久就不能全算是孩子的問題了。吃飯時間通常在三十至四十分鐘最佳，若太長時間讓孩子含著食物玩遊戲，將增加乳牙發生蛀牙的機率，牙齒不健康吃東西也不舒服，於是形成不良進食習慣的惡性循環。

想改掉孩子吃飯拖拉的習慣必須控制用餐時間：午餐時間到不吃就收起來，直到晚餐前都不要給點心，等到孩子真有飢餓感，就不會再有拖拖拉拉不認真吃飯的情況發生。

第3章

基本訓練，這樣教

Q40 如何教孩子刷牙？

其實孩子大約在一歲半時，就會因為好奇而想學爸爸媽媽拿牙刷自己刷牙，這個時期正式讓孩子養成刷牙習慣最好的時機。擔心孩子刷不乾淨而阻止孩子自己刷牙，便會錯過孩子主動想要學習的機會。

牙齒保健是維持身體健康的基礎，在成長發育最重要的前幾年一旦發生蛀牙，就會影響孩子吃東西的咀嚼咬合能力，不管是狼吞虎嚥或拒絕吃太硬的食物等等小狀況，都可能衍生日後的挑食和營養不均衡等潛在問題，所以爸媽可千萬不能誤以為小孩子的乳牙掉了還會再長出來，就忽略了刷牙的重要性。

還沒長牙也要刷牙

教孩子刷牙不需要強迫，隨著寶寶長牙的進度，照顧者必須採用漸進的方式慢慢的刷牙，調整為孩子主動會注意刷牙是自己要完成的事情；如此一來維持口腔清潔就會成為一種生活的習慣，不是為了應付大人。

從嬰兒時期就開始，即使還未長半顆牙，也要用紗布沾水為寶寶清潔牙床，有些寶寶口腔觸覺比較敏感，剛開始會排斥紗布的觸感，這時候就要想辦法調整力道，讓寶寶適應不同的刺激。嬰兒期的口腔清潔動作還能預防寶寶長大後，會覺得「牙刷很刺」而強烈排斥刷牙。當孩子習慣了這個動作，就可依照乳牙生長的情況，改換為兒童牙刷。

感覺對了，就不會排斥

當孩子感覺不舒服就會排斥刷牙，大人常會警告孩子不刷牙可能造成的壞處，然而對幼小的孩子而言，出於善意的警告或規定都不足以構成誘因。

建議爸爸媽媽讓孩子自己拿牙刷，而不是一直被強迫刷牙，孩子在情緒放鬆的狀態下，才能逐漸適應刷毛與口腔內部接觸時的感覺，他們才能知道牙刷的刷毛有點「刺刺的」，可是並不會讓人受傷。孩子總想要和爸爸媽媽一樣，所以大人要透露出刷牙是有趣的訊息，帶孩子一起去選購專用牙刷，用引導的方法讓充滿好奇心的孩子對刷牙產生興趣，教孩子刷牙便會是一項輕鬆而自然的事情。

Q41

需要訓練孩子上廁所嗎？

許多孩子常會在玩得很投入時，突然彎著身體大喊：「肚子痛好……」爸爸媽媽看見孩子痛苦的模樣也跟著緊張不已，其實寶寶可能只是尿急或想上廁所，因為說不清楚才會大聲喊叫，若寶寶不會主動提前說要上廁所，總會讓大人措手不及，所以新手爸媽索性就讓孩子包著紙尿布，才不會臨時手忙腳亂……

到底多大的孩子可以訓練他自己上廁所呢？

每個孩子的生理發展成熟度不同，當孩子對身體變化的敏感度變好了，就能用動作或說話來提醒照顧者他的生理需求。爸媽要教導孩子學會能夠自己去上廁所，但請不要採用強迫的訓練方式，如果用強迫或恐嚇的方式威脅孩子反而會讓孩子失去安全感。

讓孩子發現身體的感受並學會表達

幼兒的神經系統和肌肉的控制都還不成熟，當寶寶說要上廁所時可能還無法控制，通常只要稍微細心，就能提早觀察出孩子的動作透露出訊息。

養成衛生習慣，尊重他人的權益

教導孩子自己上廁所，不僅為了提高本身的生活自理能力；更深層的意義在讓孩子學習如何在享受公眾設施時能夠愛惜公物、為其他人保留使用廁所的方便性。這些微小的細節很可能學校老師沒有機會教、學校的考試也不會重視，但是孩子能否具備為他人著想的思考能力？都將對未來的人際關係和做人處事的態度產生深遠的影響。

每個國家的生活習慣不同，總體來說我們可發現愈是文明的國家，公共環境會愈整潔，民眾普遍具有高度的自制能力、懂得尊重其他人的權益。教養孩子要從生活的細節著手，而不僅止於追求物質上的享受，如果孩子以為自己開心方便就好，而造成別人的不方便，那就會失去讓孩子接受教育的意義。

TIPS

教孩子學會上廁所，您做對了嗎？

觀察寶寶的表情和動作變化，能夠發現孩子想上廁所。

教導孩子自己可以穿脫衣。

學會正確洗手的方法。

教孩子正確使用廁所的設備。

孩子能夠愛惜公共設施，不會任意破壞。

Q42 出門前常為了穿鞋襪而爭吵，大人不幫忙行嗎？

孩子突發的狀況很多，爸媽經常為了出門前的準備動作很多而埋怨孩子耽誤時間。教導孩子在出門前自己做好準備，就可以讓全家人每天出門或放假出遊時，可以維持期待興奮的情緒而不容易產生爭執。

先懂孩子的動作發展順序再來教孩子，就會容易許多。

一般來說，孩子是先學會脫鞋子，再學會穿鞋子的，學習穿鞋又比練習穿襪子更容易。所以要在孩子遁序漸近至練習到熟練之前，爸爸媽媽一點兒也急不來，我們要讓孩子有足夠的練習經驗，才能掌握好手指頭的施力和控制方法。

孩子手掌抓握能力發展時間很早，很多不會走路的寶寶就會動手把鞋子脫下來，讓孩子習慣出門前要先把鞋子穿好，鞋子有保護足部安全作用，也可以讓想學走路的孩子模仿大人的樣子，適當的運動更有助於身體大動作的發展，讓孩子情緒穩定不容易哭鬧。

以動作成熟度而言，上幼稚園小班的孩子能夠自己換穿鞋子了，而同年齡在家照顧還未上學的寶寶，可能必須到了入學之後才發現動作慢、跟不上其他同學。所以為了孩子進入團體學習時有更好的適應力，並不是急於提高寶寶的認知能力，而是需要提高孩子動作的靈巧度，避免產生類似「眼高手低」的失衡情況。

若孩子已經超過年紀還無法穿好鞋襪，首先必須改變照顧寶寶的習慣，大人要練習「放手」，讓孩子從錯誤經驗中設法去找到更好的修正方法，孩子才會一天一天更進步。

讓孩子練習穿襪子也可以成為一種遊戲，任何的練習都必須重覆很多次才能達到熟能生巧的程度，所以練習過程中要保持輕鬆愉快的心情，如果孩子在練習時大人在旁不斷催促或糾正，孩子會對自己還無法做好的事情在潛意識作負面連結，以後就更討厭做這件事了。

讓孩子自己穿鞋襪是一種生活自理能力的訓練，也是生活教育的一部分。孩子進入幼兒園之前，可以開始教導孩子依照不同的場所選擇得體而適當的穿著打扮：戶外運動時要穿著有保護功能的運動鞋；有那些正式場合不能穿著輕便的拖鞋等等……。總體說來，只要讓小孩能夠先不斷練習，就能逐漸減少在出門前的等待和不愉快了。

Q43 如何增進孩子的手眼協調能力？

「手眼協調能力」是個爸媽不理解的新名詞；簡單來說，手眼協調能力強弱，和孩子的大腦在處理影像和訊息後，能否透過雙手操作達成執行目標的正確性很有關係。如果孩子知道很多、可是動手做的能力沒能趕得上，孩子會比較依賴大人來幫忙；有機會與同齡的孩子相處時，也會顯得動作較慢而跟不上其他小朋友。有時家長會誤以為孩子不想玩而不在意，孩子如果做不好就會失去耐心，若是很會講話的孩子還會跟大人抱怨「不好玩」而逃避練習。

所以在教導孩子時，不可以僅憑孩子說的話來判斷孩子喜歡或不喜歡，因為每個人都希望獲得成就感，而選擇習慣熟悉的方式來進行。以教導的角度而言，孩子「動作慢」和「不夠好」深層的意思也透露著孩子還未熟悉，尚且需要更多次的練習才能修正不完美的地方；所以爸爸媽媽必須耐心給孩子鼓勵、增加自信心，才能讓單調乏味的動作變得好玩又有趣。

縮小目標，體會練習的樂趣！

幫助孩子「手眼協調」的遊戲平時在家就可以練習，活動的時間不需要很長，但是必須配合孩子的動作發展能力而設定目標，先讓孩子有成功的經驗之後，慢慢再調整難易度，如果爸媽設定的遊戲難度太高超出寶寶能做到的程度，可能會降低孩子參與的動機。

TIPS

輕鬆在家練習的手眼協調遊戲：

讓孩子把糖果一個一個收進瓶罐中，數量可依孩子的年齡而調整：

◆定點投沙包遊戲。

◆握筆塗鴉、玩著色圖畫。

◆和爸媽一起玩折紙遊戲。

時間長短要配合孩子的體力和專注時間，只要掌握孩子在完成後還想「再玩一次」，就可提高孩子主動參與的情緒，如此學習的效果才能事半功倍。

Q 44

如何教孩子收拾東西？

善用孩子天生具備的模仿能力，教孩子收拾東西是一件簡單的事情。最好從一歲就可以開始教導，若爸爸媽媽願意相信寶寶有能力自己收拾，就會教養出動作勤快的孩子。「媽媽還是覺得自己做比較好，反正我做什麼她都不會滿意。」有位喜歡幫老師做事的孩子談到下課回家不想收拾、也不必收拾，因為在家裡完全就輪不到他動手，大人都說他笨手笨腳的，但這個孩子在老師和同學眼中卻是個熱心助人的好孩子。

在家和在學校有兩極表現的孩子還真不少，或許與家庭成員的互動模式有關係：很多媽媽經常會抱怨孩子玩具亂丟，自己的東西找不到，但是往往才開口叫孩子將玩具收好，可是又沒等到孩子把全部物歸原位，就邊罵邊動手打理……。這樣的管教行為讓原想幫忙的孩子放棄行動，因為孩子發現只要忍耐聽媽媽嘮叨一會兒，很快做什麼困難的事情都有人會出手做好。

教孩子收拾是有方法和步驟的。教孩子如何收納整齊方便下次使用，其中有些學問。而且觀察孩子如何收東西，也能讓孩子大致發現孩子本身的個性、認知能力和生活經驗。

多數年紀小的孩子在聽到「收玩具」的指令後，常把全部玩具丟進大箱子裡就算喊：「我收好了！」但有些孩子會記得把東西一一放回原本拿出來的地方，還能按照大小或顏色做出分類。

不必經過大人指導就有分類和排序概念的孩子，通常視覺觀察力很好，玩遊戲也比較會動腦筋，不會顯得急亂無章。相反的，對於還沒找到方法把東西收拾得有條有理的孩子，爸媽必須重覆說出很明確的指令，例如：「請把玩具車放在櫃子上，把球放進籃子裡……」孩子聽到後如果沒有做好，要請孩子再做一次；確定孩子有聽懂了，並且做到才能離開。即便孩子還不會說話，他們透過每天觀察大人的行為就有記憶的能力，因此寶寶究竟多大之後能發展出收拾的好習慣，也受到「與生俱來」和「後天學習」的交互作用影響所致。

Q45 為什麼要孩子做家事，如果一再做不好還要教嗎？

教導孩子做家事是生活教育的基礎，絕大多數健康的寶寶都會希望自己可以動手，我們經常可以見到孩子會模仿大人擦桌子或掃地的動作。對孩子而言，能像大人一樣不必凡事依賴別人，是件驕傲而令人期待的事情。

可惜大人常會不經意的對想要幫忙的孩子說：「你還小不懂啦，別管大人的事。」或許大人是出於善意不希望孩子太累，但也可能因此而壓抑了主動想參與活動的原創力。

原本熱情的孩子在成長過程中，如果一而再、再而三被潑冷水，家人又溺愛過當而限制孩子練習的機會；等到進入小學之後，當學校老師發現孩子沒辦法和同學一樣把書包收好，也不懂得如何維持自己座位的清潔時，反而會讓孩子在團體學習中喪失自信心。

當孩子願意主動要求想做家事，就是值得放手讓孩子參與的好時機；至於孩子做得結果如何，相較之下，是次要的了。

在孩子練習做家事時可以提供比較明確的示範和指導，讓孩子能夠記住一些簡單的要領，而最基本的操作之前，也必須先加強孩子身體動作的靈巧度，當孩子能達到手眼協調之後，做起事情才能得心應手。

總之，教孩子做家事和學習任何才藝課程一樣，可以依循著由簡入繁的原則，先讓孩子參與成功機率較高的活動，例如：擦桌子、折衣服等等，讓孩子模仿大人的動作，等待熟悉之後再由孩子獨自完成，大人只需要從旁讚美就足夠。

從小練習玩好玩具就馬上物歸原位、還能主動做家事的孩子，約莫在五歲半左右就能成為媽媽的好幫手。做家事是也是一種解決問題的能力，是一切學習的基礎，如果孩子很聰明而不會做家事或做不好，那麼我們不必先懷疑孩子是否能力不足無法做好，若孩子精力旺盛，玩起遊戲領悟力和反應也很敏捷，那麼請無須擔心，孩子只是缺乏鍛練的機會，堅定不放棄而繼續練習便可以達成目標。

Q46 孩子不肯聽話，拒絕穿外套出門，可以順著他嗎？

確實很多大人總會因為怕孩子感冒著涼而擔心，也經常為了孩子吵著太熱不想穿外套而生氣。其實每個人對冷熱溫度的感受是不同的，如果孩子體力很好、活動量又大，穿著太厚重的衣服反而會限制行動。因此才會讓人為了必須穿多少件衣服才對而爭執不休。

人體的核心溫度是恆溫的，體表溫度會隨環境溫度而變化，環境溫度升高時，人體會透過排汗來散熱，天冷時也會產生顫抖來產生熱能。孩子活動量通常比大人更多，體溫自我調節能力還不夠好，當爸媽發現孩子有出汗情形，最好換掉汗濕的衣服，才不會因為毛孔擴張時遇到冷空氣而受寒。

正常的情況下，如果孩子覺得熱，就會想脫掉外套；覺得太冷，也會主動跟大人說冷。孩子要學會表達自己的感覺，而不是凡事都必須由爸媽為孩子打理一切。

幼兒對於當下目前發生的事物會有基本的判斷與理解力，也容易懂得下雨天出門要穿雨衣或拿兩傘。但是孩子無法理解「天氣預報」上預測的溫度究竟有何意義，照顧者得耐心為孩子做好事前的預防準備。

「算了，就順著讓他不管了，看他下一次會不會記住我的好意！」一位和孩子爭論不休的媽媽說了氣話，索性不管了。我們得小心在教養孩子的過程中因為衝動而採取非理性的教養法。若大人明白孩子只是因為生活經驗較少、常識不足才會而堅持自己的想法，爸媽就不宜失去理智和孩子鬥氣，反而要耐心引導孩子對環境的變化有更敏銳的觀察能力。

如果出門的時間較長，預測會遇上溫差很大的情況時，爸媽可以給孩子準備一個小背包用來收納外套，讓孩子練習學習保管好自己的衣物。通常在滿二歲之後，孩子就能擁有分別「你」、「我」的能力，這時期可以開始教導孩子學習負責把自己的東西照顧好。

Q47 想吃什麼就吃什麼，是真愛嗎？

「孩子喜歡吃如果不給，就覺得不忍心呀！」許多大人容易陷入矛盾的心理，誤認為要滿足孩子想要的才是愛的表現。由於孩子能理解的事情和學習經驗都不夠，所以照顧者必須做好把關的任務，我們必須引導孩子認識食物，知道如何聰明的選擇健康的食物，才能保持身體健康。

每次見到體重偏高，運動容易喊累的孩子，我總要問老師這孩子食量如何？必須控制點心和正餐的質量，更不許給他吃零食。老師說：「白天有注意，可是晚上回家吃了什麼很難管，奶奶和媽媽不控制怎麼辦呢？」改變大人習慣的口味不容易，不過為了孩子健康和學習好，寶寶吃什麼就要注意了！

家有寶貝最常發生的飲食爭議：

①、寶寶不吃沒味道的東西，太淡沒味道不容易下飯。（Yes／No）

②、只喝飲料而不喝水，買箱飲料回家可隨時取用更方便。（Yes／No）

③、孩子不吃固體食物，只吃軟不吃硬。（Yes／No）

④、孩子想吃什麼開心就好，喜歡吃就多吃點。（Yes／No）

⑤、三餐吃飯時間不定，用營養保健品補充維生素。（Yes／No）

以上五題，正確想法應該都是——ＮＯ。

您不小心給錯愛了嗎？放輕鬆還來得及調整過來，今天就開始改吧！

TIPS

愛的堅持

一、寶寶不能吃重口味，人工調味料能少就少。

二、無論大人或小孩，最好的飲料就是煮沸後的白開水。

三、咬合能力和學說話的控制能力是有關聯的，不能只吃流質食物。

四、小孩不必禁食或減肥，三餐要定時定量，不可偏食或挑食。

五、再昂貴的人工營養品都無法取代最天然食物。

Q48

不和陌生人說話怎麼教？

不肯和陌生人說話的孩子常讓大人很尷尬，分明在家出門前再三交代見到人要打有禮貌，可是孩子每次見到陌生人就會放不開，爸媽還會為了是否要強迫孩子打招呼而爭吵起來。

如果您家寶貝也有這類情況請先別著急，因為有些小孩是因為緊張而表現失常，請不要責怪容易緊張的孩子不懂禮貌。這時候爸爸媽媽千萬不能火上添油，一再催促只會讓還需要調適的孩子更焦慮而說不出口。

一般孩子在一歲半已經可以叫爸爸媽媽，也可以模仿大人說出單音了。讓孩子叫阿姨，可以發出最後一個聲音。儘管還不會說話的小寶寶見到熟悉的人也能微笑，用表情和動作與別人互動溝通。如果孩子在家說話表達的能力並不差，只有在陌生人或陌生環境特別怕生，大致還在正常的發展階段當中。

爸爸媽媽或照顧的家人平時必須增加和寶寶說話的機會，經常教寶寶認識家中的物品，讓寶寶在二歲時能回答出「這是什麼？」、「這是誰的？」、「借我玩一下好嗎？」

千萬不要以為孩子在家和大人默契很好就沒什麼問題，「孩子不和陌生人講話沒事的呀，這樣才不會被壞人帶走。」遇到家長因為擔心安全而禁止孩子和陌生人講話時，我會提醒有可能會保護過度的家長改變一下教養的方式，因為寶寶長大後需要上學，當老師問話時必須可以對答如流，同時更要學習用說話和其他小朋友溝通協調，寶寶終究必須學會和別人分享，並且懂得爭取自己的權益。

因此，我們有必要多帶孩子出門參加社交活動，增加和陌生人相處的機會，即使寶寶需要比較長的時間適應環境，大人也要耐心的鼓勵寶寶。請不要強烈逼迫容易緊張的孩子，否則更容易讓孩子焦慮不安而失常了。建議怕生的寶寶可以先看看別人在玩什麼？設法引起好奇心，孩子就可以主動的接近新朋友。

Q 49

孩子對媽媽沒禮貌怎麼辦？

見到無法達目的而用嬰兒般的哭泣聲向媽媽撒嬌，媽媽常會尷尬的說：「我家寶寶很聰明，就是脾氣比較大而已。」通常家裡的人對孩子百依百順，照顧太周到而還沒有教導孩子學習用言語來表達意思，家中寶寶孩子生氣就動手打爸媽的情況，是個必須重視的現象。

兒童的情緒調節能力必須從小開始教導，否則用任性哭鬧的孩子最小從十五個月至小學生都有，更有五歲孩子一發脾氣就對媽媽拳打腳踢的狀況還依然存在。顯然幼兒情緒控制不佳的情況必須透過有效的引導，不能期待孩子長大就會變好。「其實她在學校很乖，回家才愛生氣……」已經讀幼兒園的孩子，媽媽為女兒解釋。雖然孩子對媽媽任性喊叫，然而媽媽沒有指導教孩子正確的做法，才會十分吃力以抱嬰兒姿勢哄著安撫孩子。類似的親子互動狀況存在管教失序的危機，必須適時調整。

孩子不只需要愛，心智年齡也要跟著長大才行，如果孩子在外可以守規矩，和親密的人相處也要學習懂禮貌，長大後才可能成為知書達理的成年人。好爸媽不能放任聰明的小孩無理的要求，所以要學習遇到什麼狀況時要教導而不能心軟。一歲半以上的寶寶必須聽懂大人的指令，當孩子行為不當時必須立刻禁止，而非放任孩子想要什麼就做什麼。孩子會用哭來試探家人，有時候是一種測試的遊戲，真正的身體不舒服或發洩情緒，從孩子的哭聲是可以區分出來的，所以新手父母都要學習。

不能心軟的回應方式

◇孩子亂丟東西時——「請收起來」重覆相同指令，大人必須忍住不能動幫忙收拾。

◇想用哭聲來獲得要求——「用哭的聲音講話媽媽聽不清楚，我想知道你要什麼，不要急慢慢講。」

預防之道

◇不宜讓孩子接觸的東西要收好，別故意引誘孩子犯錯。

◇不宜在孩子眼前做出貪人小便宜或僥倖的行為，聰明的小孩會模仿大人的行為。

◇教孩子尊重每個人，常說「請」、「謝謝」、「對不起」，對家人說話也要輕聲細言。

◇不可對孩子施暴打罵，家中大人的管教原則最好事先取得協調共識。

◇正向思考多鼓勵好的行為，別在眾人前常提起孩子不小心犯過的小錯誤。

Q50 怎樣教出貼心的孩子？

貼心的孩子懂得關心家人和朋友，需要有敏銳的觀察力。正常的情況下，嬰兒對照顧者的臉部表情便有很好的觀察力，我們能發現大約一歲左右的寶寶見到有人流淚時，會主動能做出安慰別人的舉動。由此可見孩子與生俱來就具有同理心，萬一大人常對小孩說：「你還小不懂事，管好自己就行了。」日子久了孩子就失去主動幫忙的熱情了。

有位爸爸看來是個被動而不懂事的小孩，在第一次見面時說出心中的無奈：「老師我其實四年級就會倒水了，很可惜奶奶都不讓我幫忙，我不想被罵什麼都不能做。」這是一真實的案例，聽完孩子的話讓人很放心，他是個本質善良的孩子啊！每個孩子都想獲得大人讚美，大人會擔心怕寶寶受傷而保護他們，可是當孩子長大後就要放手讓他們有為家人服務的機會，更要讓孩子因為可以幫助別人而對產生自信心。貼心善解人意的行為習慣是日常日活中培養起來的，不少習慣被別人照顧太周到的小孩，缺乏主動幫助別人的機會，試想如果本身的自理能力都還不足，如何能細心發現別人有什麼地方需要協助呢？即使孩子發現別人需要幫忙，需要有足夠的經驗和能力才能做好。

TIPS

教養貼心小孩的五大原則

一、吃東西時要先拿給爺爺、奶奶和爸爸、媽媽，然後小孩才可以吃，從小建立長幼有序的觀念。

二、讓孩子學習與家人分享，不是家裡所有東西都由寶寶獨占。

三、看到爸媽或家人在忙，要主動上前詢問：「要不要我來幫忙？」

四、製造需要孩子幫忙的機會，讓孩子練習做簡單的家事。

五、經常用鼓勵的話和小孩交談，孩子會模仿大人說話的語詞，遇到別人有挫折時就會直覺的關心問候。

Q51 孩子滿兩歲還不太會說話，該怎麼辦？

通常滿兩歲之後，就要進入兒童發展中的「語言爆發期」，如果孩子超過兩歲還不會講單字，大人必須特別關心親子互動的時間是否有需要調整：是孩子學習模仿的機會不夠呢？或者有發展上的異常徵兆？

爸爸媽媽可以先就以下重點先做觀察：

【觀察1】

請問有讓寶寶吃固體食物嗎？還會不會經常流口水？有刷牙的習慣嗎？

依據過往的經驗發現，若經常吃糊狀的粥或太軟的食物，很少做口齒唇舌運動，間接影響說話能力。許多超過年齡還只能講單音而不能說句子的孩子，都有「吃軟不吃硬」的情緒。照顧的人還把孩子當嬰兒來養育，長期沒有練習吃固體食物，孩子的行為動作也會像小嬰兒一樣，等上了幼兒園才發現是個大問題。

【觀察2】

是否總在孩子需要之前就把東西放在眼前？

爸爸媽媽可以先試著每當孩子要求東西時，讓孩子講出來才把東西交給他，必須耐心重覆講出簡單句字讓孩子模仿發音。一定要堅持住不可以太快配合孩子需求，因為如果寶寶若連說話的必要性都沒有，自然也就不必開口說了。

如果照顧者自己平常就不愛講話，拿東西給孩子之前，並沒有說出物品的名稱。孩子缺少聽覺和視覺的經驗，就算看見了也不懂「這是什麼」，孩子語詞的理解能力和生活經驗有很大的關係，所以必須經常和孩子講話。

【觀察3】

孩子會主動拿玩具找大人一起玩嗎？能不能指令把東西交給別人？

如果孩子總是無法配合大人的遊戲，兩歲半了還不會說話又獨來獨往喜歡一個人玩，也不會找爸爸媽媽一起玩或拿書要求媽媽講故事，這就需要專業的發展評估了，請把握幼兒發展的黃金期給寶寶多元化的感覺刺激。若不會講話但能依照大人指令做動作或配合遊戲，暫時可以先不必擔心。

幼兒的語言發展能力和孩子本身發育的成熟度有關係，更和成長的環境有密切關係。新手父母在照顧孩子的時候，常在第一年最認真學習，但隨著新鮮感消失之後，對不同年齡寶寶的身心發展情況的重視程度就逐年減少了，取而代之的是擔心孩子「該去學點什麼才好」……

其實孩子必須先學會能夠流暢的和大人溝通，才可能聽懂上課時老師所講的內容。而學說話是每天在家就要教導的事，孩子能夠和爸媽一起玩，就是吸收能力最佳、最有效的改善方法。

第4章

孩子都是這樣子的嗎？

Q52

孩子被玩伴欺負時，該如何處理？

「我叫兒子要打回去，不能讓人欺負的……，要讓對方知道打人會痛就不敢動手了。」

「我怕女兒被欺負，告訴她有委屈要找老師評理，可是她都不敢怎麼辦？」

「我兒子說同學常拿他的鉛筆，他不會拒絕就隨便人家拿，讓人擔心這種個性長大之後會不會總是被別人欺負呢？」

爸爸媽媽都會擔心孩子在外頭受委屈、被別人欺負了怎麼辦？儘管每個人會依照自己的方法傳受孩子自我保護的要領，可是缺乏經驗的孩子還是免不了會遇上突發狀況，爸爸媽媽無法二十四小時跟在孩子身旁教孩子該怎麼做，所以我們就必須教導孩子掌握適當的應變之道。

在少子化的家庭中，小孩子受到大人百分百的呵護，長輩們會以包容的心設法滿足孩子任何需求，因此小孩在入學之前幾乎很少聽見被拒絕，也很少有機會會遇到挫折不如意。一旦孩子開始和同伴一起玩，遇到不能如孩子所願的情況突然就變多了：孩子得學習等待、輪流排隊、和別人分享玩具。

爸媽會擔心孩子受冷落或被欺負，但事實上，兒童社會化的行為需要累積足夠的經驗，幼兒遊戲時並沒有大人所想的複雜心理因素，他們透過操作玩具或物品滿足好奇，即便可能發生小小的衝突，在沒有大人插手時也可以很快調節適應。

旁觀型的學習，不怕被冷落。

「我的孩子好像不愛上學，上課時別的孩子玩得很開心，他一個人坐在旁邊老師也不理他，是要不要停課好呢？我總覺得老師不夠用心，沒有注意到有孩子被冷落。」一位媽媽對該不讓三歲兒子繼續上幼兒園而煩惱著。

大約三歲之後孩子才能和玩伴一起玩組織性的合作遊戲。在幼兒園小班的教室中就可以發現，即便幼兒在同一個房間內也是各玩各的東西，偶爾才會有一次短暫的交流。有少數旁觀型的小孩喜歡在教室內靜靜的坐著，當他看見老師和其他小朋友玩，臉上表情也會露出愉快的笑容。視覺學習型的孩子，通常在人際互動中屬於「慢熱型」總要別人的遊戲快結束前才會想試一下；萬一孩子是這種旁觀型的孩子，爸媽就不必擔心他們會被冷落，如果孩子看得很開心就夠了，因為這類型孩子領悟力好所以才不太需要動手，只要讓他們能看見或聽到就很快記住，從很小就會顯現出安靜而專注的特質。

Q53

如何正確引導孩子與同伴相處？

孩子喜歡和別人一起玩，但是玩遊戲時又難免發生吵吵鬧鬧的情形。每當聽見孩子說：「他們不跟我玩……」、「我不喜歡……」爸爸媽媽很快會感到不滿，個性較急的媽媽常忍不住為孩子打抱不平、爭取權益；不好意思追問的家長就採取消極的保護措施，有人索性讓孩子遠離沒禮貌的小孩，禁止他們在一起玩。但往往這兩種方式都不符小孩的期望，孩子還是很想和同伴一起玩，只不過當發生爭吵時不知如何化解，才會有小小的抱怨。

冷靜客觀，察明真相。

家長必須先弄清楚究竟孩子遇到什麼情況？先不要以孩子說話的內容做判

斷，因為孩子對語言用詞的意思還不能正確掌握，光憑簡短的對話很容易讓爸爸媽媽產生誤解。如果不讓孩子很同齡的玩伴一起玩，孩子反而會覺得很無趣。

為何孩子比較喜歡和大人玩？

孩子無法順利表達自己的意思通常會用動作來表達，想法無法達成時，臉上很自然會出現失落的表情，主要的照顧者可以從孩子的眼神或動作判斷出孩子的需求而滿足他；可是孩子們相處時，其他同伴就無法像家人一樣細心的發現孩子的想法，不能凡事順著自己，這會令還不會表達的孩子容易不知所措。

主觀意識較強的孩子喜歡有主導權、不喜歡被冷落，較常在第一時間爭取表現，如果有機會和年紀較大的人一起玩，相對會比較容易受到關注，因為不會有人過來拿走玩具，孩子不需要和其他玩伴爭取什麼。

但是孩子終究要上學，所以必須練習和同齡的孩子相處。我們可以引導孩子體察他人情緒，分辨出別人是開心還是不開心，願意分享、具有同理心、願意等待和幫助別人。

爸爸媽媽必須從小就養成孩子會主動幫助家人的好習慣，舉例來說，我們可以讓寶寶在吃東西前要先拿給年長的人、與家人朋友分享好東西；如果大人總是要孩子自己先吃，爸爸媽媽和爺爺奶奶都是最後才吃孩子吃不完的食物，很可能會養成孩子以自我為中心，不懂得察覺到他人的需要的任性行為。管教孩子必須懂得拿捏收放尺寸，不可過分溺愛，如此才能引發孩子天生善解人意、體貼別人的善良天性。

Q54 孩子動不動就打人該怎麼辦？

孩子們相處難免會發生衝突，當孩子進入團體學習時就必須學習如何和其他人溝通，孩子們必須設法溝通協調而不是用暴力達到目的。

幼兒在還不能清楚表達自己想法時，如果遇到不熟悉的事就會直覺的就會伸手做出「推」、「拍」等防衛的動作，若我們能夠懂得孩子還不夠成熟到能夠精準的控制身體動作，就能明白孩子玩遊戲時會動作太大，多半是出自於無意識的反射動作，孩子並不是故意要打人的。

爸媽也不能因為孩子不是故意犯錯，就覺得粗魯的動作沒關係長大就好了。以感覺統合發展角度看來，孩子無法掌握力量，是可以透過練習而變好；但如果沒有及時調整，孩子和其他人相處時就會顯得異常，也容易引來別人奇怪的眼光。

針對和別人相處常有大動作的孩子，教導他們也要按照不同的原因來輔導：

一、不會控制動作的孩子

我們要讓動作太大的孩子學習控制力量，能準確掌握距離感和速度感是有必要的。指導這類型的孩子不適合一直挑剔他們做不好，因為他們也想動作輕巧，但身體就是無法正確掌握力道，孩子更需要正確的動作示範，接著讓他們有重覆模仿並且調整姿勢的機會。

二、用誇張的動作來吸引人的孩子

表達力好的孩子很會說服別人，但是不善於說話表達的孩子有時候會為了引起注意，而用誇張的動作來吸引別人的注意。在兒童成長的過程中，孩子學習會先由動手觸摸開始，有時候孩子只是好奇想伸手示好，或需要別人回應而伸手拍打。爸爸媽媽必須教導孩子正確的表達方式，而不是把打人的動作當成遊戲。

有時我們能見到媽媽正忙著和朋友講話，孩子想引人注意而不斷用力拍打叫喊。遇到這種情況時必須先暫停手上的事情，請孩子立即停止打人的動作，讓孩子把情緒緩和下來慢慢說清楚，並且告訴孩子拍人或大叫都是不對的，說話要說清楚別人才能聽懂。

Q55 成天動來動去，靜不下來該怎麼辦？

許多大人擔心孩子成天動來動去，靜不下來怎麼辦？於是各式各樣的管教方式都出現了，有人主張給孩子安排怡情養性的課程，希望可以改變孩子培養文靜氣質；更有人主張就是要嚴格管教才不會變成過動兒。其實無論哪一種課程都有其獨特的優點，但如果想改善好動的情況，就不是強迫孩子坐好便能改進的。

大部分健康的孩子在三歲起到小學之前，都不容易靜靜坐下來持續太長的時間。幼兒經常會配合身體動作來幫助他們學習，例如：有些孩子講話時也要比手畫腳、也有孩子在背書時走來走去，因為走動可以幫助孩子提高大腦的警醒度，配合有節奏的身體動作能幫助他們記憶。只要孩子不會妨礙其他人，那麼就不太需要加以限制。

很多人誤把活潑好動的孩子錯認為「過動症」或「多動症」；然而過動症是必須經過兒童專業醫師診斷才能判定，爸媽不必過早擔心，因為孩子在發育過程中必須累積足夠的感覺經驗，年幼的孩子都需要跳、跑、翻滾，以及類似盪秋千等刺激的感覺。若是經驗不足孩子可能會靜不下來學習，活動需求量較大的孩子，如果沒得到足夠運動還會睡不著呢！

上小學之前的孩子最好每天能有二十分鐘時間的運動，若是活動量較大孩子還可以增加次數。針對爸媽覺得自己的孩子無法靜下來，如果孩子做自己喜歡的遊戲時可以維持很長的時間，何不妨把其他不感興趣的活動變得輕鬆好玩一些，或許就可以吸引孩子的好奇心，維持比較長的靜態學習。

五歲左右的孩子平均能維持廿至卅分鐘的時間專注在一個活動當中。萬一孩子總是坐不到五分鐘就會晃動身體，或完全沒有投入同伴的遊戲當中，爸爸媽媽就要提高警覺了，可以請求經驗的老師以專業角度進行較客觀的評估，協助找到原因，才能針對不同的情況給予指導。

Q56 為什麼孩子走路常會跌倒、撞到東西？

寶寶從學會爬行、走路直到能跑能跳，一年之內進步過程看似平常，但是其中卻孕藏許多複雜生理發展的奧祕。

有許多原因可能會讓孩子走路無法保持平衡而跌倒，針對不同的情況有不同的改善方式。爸爸媽媽首先要多留意觀察的項目包括：孩子的雙眼視力情況、孩子的肌肉和骨骼發育是否正常？前庭覺的平衡能力好不好？是否對空間距離的判斷也有失準的情況……

請不要再責怪孩子：「為什麼走路就是不小心！」孩子容易跌倒可能有生理上的原因，我們要協助孩子走路能更平穩持久，更要學會如何保護自己不會因為跌倒而受傷。

發育中的孩子特別需要運動，生活在都市化空間較小的孩子，平時缺乏走路和跑跳的機會，大部分時間在家中只能看電視或從事靜態的活動，偶爾出門時家長也習慣以車代步，一旦孩子長期缺乏運動，便有可能讓孩子在大動作發展上與同年齡相較顯得靈巧性不足。多數的家長往往容易忽略孩子運動體能偏弱，將影響未來學習專注力的潛在問題。

走路也需要練習

走路不夠穩的改善方法很簡單，身體協調性和體力、耐力都要練習；可是我們卻經常發現大人會擔心孩子還小走不好，無論如何就是不放心讓孩子到戶外跑跑跳跳。事實上若想讓孩子走路更平穩、行進之間的舉止從容而穩定，最簡單的方法就是每天散步、走斜坡和上下樓梯。

很多家長希望孩子長大成為優雅的人，還會特別安排孩子參加儀態訓練的課程，其實不時只要透過運動，加強肌肉張力和姿勢穩定度也能達到效果，否則孩子不僅在走路時容易跌倒，也可能在上課時坐姿不穩定。

平時活動量雖然很大，可是動作不夠精準的孩子也不少，這類的小孩不是缺乏運動而是習慣從事的活動並沒有針對孩子的需要而安排。鼓勵孩子玩連續跳躍、翻滾等刺激性的運動，可以同時提供前庭平衡和肌肉關節協調的練習，對於幫助孩子在動作靈巧度上的鍛鍊會有幫助。

Q57

孩子經常晚上睡不著，早上起不來怎麼辦？

正常的情況下孩子的睡眠時間會比成人更長，出生後的前半年內小寶寶更需要大量的睡眠，每隔數小時就需要休息，否則還會在吃飯時睡著；當寶寶發育到足夠體力可以爬行活動時，清醒的時間就開始變長了。

睡覺時間的長短因人而異，睡眠時間視個別的生理需求和生活習慣而定。成人可能因為外在的原因造成身心壓力而睡不著，但是幼兒身體能量消耗掉了就必須靠睡眠來補充體力，因此寶寶自己失眠的情況並不多見。

通常寶寶晚上還睡不著，可能是還不累或者在晚餐前才剛剛睡醒。只需調整一天當中睡覺和清醒的間隔，通常可以在中午休息之後讓寶寶有進行充分的運動，大約經過四、五個小時之後寶寶就需要睡覺了。

依照科學家的研究發現失眠與大腦內松果體分泌褪黑激素的失調有關，現代人的生活不再如過去「日出而作，日落而息」，白天工作而夜晚回家休息時也經常燈火通明，而越來越普及的電腦、智慧手機等螢幕也會發出強烈的光刺激。當我們長期處在燈光明亮的環境中，眼睛的視網膜能夠感知環境中的藍光亮度，將光暗信號傳遞給大腦中的松果體，松果體若長期感受到光線刺激就無法分泌褪黑激素。腦內的褪黑激素不足無法進行大腦細胞的修復，將會影響孩子的睡眠、發育及記憶，對發育中孩子就很不利了。

最好的解決之道孩子養成早睡早起的習慣，在睡覺時間要先把房間的大燈關起來，睡前不要看電腦、手機等發光的電子產品，若開著大燈睡覺更是不利於身體健康的。

TIPS

如何改善孩子睡眠問題？

一、每天要有足夠的運動，在睡前一小時不要做激烈活動。
二、養成固定的作息時間，讓孩子習慣有規律性的生活節奏。
三、檢視孩子睡眠環境，減少聲光刺激。
四、睡覺前施予重壓按摩讓寶寶情緒穩定下來。
五、睡前二十分鐘撥放輕柔的音樂。
六、深夜淺眠期若醒來只需安撫孩子再躺下即可，不要開燈和寶寶玩。

Q58

經常把鞋子穿反，不會覺得難受嗎？

「左腳和右腳的鞋子方向不一樣，難道小孩子會看不出來嗎？」困惑的林太太實在無法理解孩子為何一再發生鞋子穿錯腳，教了也分不清楚，這到底是怎麼回事？從小就聰明又活潑，為何穿鞋這小事情怎麼教都教不會？究竟是孩子「記不住」或者「分辨不清」呢？

小數孩子到了大班還會穿錯鞋，爸媽總以為孩子「不夠用心」或「不認真」，所以才會一再犯錯。經常把鞋子穿反可能有些被忽略的狀況，爸爸媽媽要多加關心，因為生活上的小失誤可能透露些和學習相關的潛在問題。

視覺空間關係影響方向判斷

兒童大腦成熟度和生活學習的表現息息相關，許多孩子在五歲之前，不太能正確分出「左」和「右」，也無法正確辨別出左右相反的圖案或文字；我們可以經常見到正在學習認數字或字母的孩子，在遊戲時會想要模仿大人拿筆寫字，只不過孩子努力畫出印象中的數字時，卻會出現左右相反的數字，經常把2或3的方向寫反了；遇到數字6或9容易分不清楚、英文字母b或d看不出來有什麼不一樣。

當孩子大腦中對於視覺空間的概念發展還不夠成熟時，會無法分辨出左右相反的鏡向圖型有什麼不一樣。爸爸媽媽無法要求幼兒學認字時幾次就能記得，因為孩子很有可能在下次依然混淆不清。少數經常左右弄不清楚的孩子，不僅在學習認字時會有混亂的情況，他們也無法看出來左右腳拖鞋的形狀剛好是也左右對稱的，雖然看來很像，但其實兩只拖鞋的形狀並不相同。

左右分不清的情況可能有感覺統合失調的問題，所以遇到這種情況可以先教孩子記住如何觀察左右兩只鞋子的特徵。另一方面要加強孩子身體兩側的協調運動，透過雙側身體運動來活化大腦的整合性反應。

身體覺得不舒服是無法勉強的，孩子把鞋子穿反會不會感到難受，和孩子腳部觸覺神經系統的敏感程度有關係；即便孩子所穿的鞋子很寬鬆，皮膚的觸覺也能感受到穿錯鞋的舒適程度是不一樣的。針對左右鞋穿錯還不知道要換回來的孩子，必須加強孩子感覺刺激的經驗，讓孩子的身體對外界環境的有比較適當的反應。

Q59 為什麼孩子對朋友很好，但對自己的弟妹都很兇？

人們和不同的人相處時會依對象而調整互動溝通的方式，通常成人在和陌生人說話時的語氣也與和家人相處時有所不同，大部分成人會懂得在外和別人相處時要適當的控制自己的情緒，而不是直接而強烈表示反對意見。同樣的道理，小孩子對朋友和家人說話互動時的講話語調或態度不同也是正常的，這也代表孩子的心智發展有進步，開始懂得區分家人和外人的相處模式也要有所調整。

我們教導孩子養成尊重別人的態度，並非鼓勵孩子在外要委屈自己、回家之後便為所欲為而不尊重家人。從小不管是對弟弟妹妹或長輩說話都要有禮貌，聽到孩子說話的口吻不對時就要及時給孩子示範正確的溝通方式。

孩子說話的語調和習慣用語是日積月累而形成的，孩子和弟弟或妹妹相處的模式也是模仿而來的。大人在心情不佳時可能會不自覺的對親近的家人說話比較大聲，或用字遣詞不當，年幼的孩子不懂判斷什麼話可以說、什麼話不適當，偶爾就可能在說話時用到不雅的言語。聽到孩子講出失禮的言詞時不必馬上生氣，因為很可能孩子並不清楚這些詞句的真正意思。若是如此就要告訴孩子那些話不能說，會令別人產生誤會。

爸媽可以先觀察孩子為何對弟妹講話時會特別兇？有時孩子只是想吸引大人的目光，取得別人的注意而已。

老大也需要關心

家有兩個小孩就無法避免發生爭執，孩子之間一定會產生意見不同的時候，通常孩子也有能力調解而不會一直打鬧下去。大部分的成人不太能忍受孩子吵鬧，會要求年長的孩子要「讓」弟弟妹妹，如果在溝通時沒有充分理解孩子之間為什麼發生衝突，就有可能對大孩子產生誤解。

Q60 孩子說話會結巴，要特別糾正他嗎？

成人在緊張時說話容易結巴，人們常忽略到說話流暢程度和神經系統之間有關聯性，而咬字發音的準確性、和口腔肌肉唇舌控制的程度有關。在許多講話發展較慢的孩子身上，發現一個值得重視的現象是偏食和挑食的比例偏高，照顧者必須留意孩子飲食的多樣化，讓孩子有更多的咬合咀嚼練習。

幼兒早在還不會開口講話之前，大多已經能夠聽懂大人所說的簡單指令。十個月左右的小寶寶會用搖頭或揮手的動作來表示「不要」，生理發育還不成熟所以只能發出單音而不會說話。因此我們可以明白，孩子說話是否會結巴，並不只是因為情緒緊張所引起的。語言發展的過程需要很一到兩年，從孩子能聽見聲音、聽懂意思，還要可以開口講話，能正確回答大人的問題……，這一連串的過程是需要耐心等待的，一點兒也急不得。講話時會中斷，需要再想一想的孩子本身就會著急，爸爸媽媽可以和緩的做一次正確的示範，指導的原則是說一次對的話讓孩子記住，而不是糾正或取笑孩子說話時的口急狀況。

增進表達流暢度的三個祕方：

①、大腦反應訓練增加孩子遊戲運動的時間，同時啟動孩子視覺、聽覺和身體運動的能力，例如讓孩子連續拍球數數、配合跳躍節奏唱歌，類似的活動可以促使大腦進行快速的整合性反應，對於腦子思考和說話速度無法同步執行的孩子特別需要。

②、增廣知識見聞孩子說話時感到詞窮，或者當下不知道如何形容時，也會產生結巴或中斷的情形。平時可以讓孩子透過閱讀或生活體驗累積常識，在其他人聊天時才能有豐富的知識可以舉一反三。

③、環境適應練習讓孩子習慣和家人以外的人相處，才能夠在陌生的環境中如同在家一樣輕鬆自在的表達。

Q61 孩子為什麼總是坐姿不良？

「能躺著就不會坐、能坐著就不想站，小孩子沒做什麼事就常喊累，請問是什麼問題呢？」

不少媽媽抱怨小孩懶散「坐沒坐相，站沒站相」。其實小孩子的坐姿或站姿不良，並不一定全然是態度不好；我們可以客觀評估孩子是不是因為無法維持身體姿勢穩定，才會讓人看起來好像態度不夠認真而錯怪孩子了。

常見可能造成孩子坐姿不良的外在因素：

①、請確認孩子寫功課的桌椅子高度是否適當？桌椅高度不對會讓雙肩高舉或彎腰駝背，影響骨骼發育。

②、休息看電視時，座椅和電視機位置是否適當？長期固定偏左或偏右，會

造成身體姿勢不良或視力問題。

③、居家生活是否缺乏運動空間和機會？缺乏足夠運動的孩子肌耐力也不足，無法維持較長時間的姿勢穩定度，身體容易動來動去。

許多幼兒的行為都是模仿而來的，當我們發現孩子有不適當的舉止動作時，身為大人也要隨時注意自己的言行，才能給孩子一個良好的模仿示範，不能夠單方面要求孩子做好而已。

孩子的大動作發展必須配合年齡增加而進步，二歲後的孩子就可以跑、跳、踢球和丟球，然而許多好動的孩子雖然活動需求量很大，卻因為家中或學校的活動空間不足或大人保護太多，所以孩子只能在家跳沙發床，成天漫無目地的找刺激。

若我們以幼兒動作發展的需求來看，生活在都市的幼兒需要更多不同形式的戶外運動，唯有孩子的雙臂有足夠力量可以推、拉、舉和提重物時，才可能維持十分鐘以上的坐姿，安安穩穩的坐在位子上畫圖、仿寫文字或操作桌上型的益智遊戲。

Q62 遇到孩子霸道無理時，該怎麼辦？

爸媽會覺得孩子霸道無理，多半源自於雙方的溝通並沒有達成共識。當孩子和別人相處時呈現強勢的溝通或不能接受別人講道理時，就會被認為比較霸道或自私；但從另一方面思考，孩子是因為感覺自己是對的，所以才會堅持立場而不願妥協。

在兒童心智發展的過程中，孩子會先發展「自我」的概念，然後才慢慢才有「利他」的概念。隨著孩子長大必須教導孩子同理心，而同時更要教孩子學會如何與其他人相處。

發現孩子出現情緒失控而霸道無理的狀況，不必急於採取強烈的處罰管教方式，因為幼小的孩子大腦理性思考能力尚未發展成熟，即使孩子知道什麼行為是不對的，他們依然無法精準的控制住衝動行為。保護自己是人類生存的本能，年齡小的孩子沒有傷害別人的惡意，讓大人感覺不當的行為舉動通常和保護性的反射動作更有關係。

當孩子感受到不安時，通常會有神經反射性防禦性的推拉動作，有時是只是為了維護自己玩具而把別人推開或大叫，「這是我的！」、「不要……」等等，如果孩子動作太大又施力不當，便會讓人感覺孩子粗魯而霸道。

通常遇到大人或小孩情緒高漲時可採取「冷卻法」，雙方暫時離開發生衝突的地方，先冷靜之後再進行協調。如果在雙方失去理智時，即使是最簡單的溝通都可能引發更多的爭吵。

遊戲讓孩子培養控制力

孩子外在行為因為大腦總指揮（前額葉）發育尚未成熟，抑制衝動的控制能力會比較弱，爸媽因為不懂孩子為何容易衝動，才會錯怪他們霸道、無理取鬧。事實上每個孩子都希望自己受歡迎，所以可以讓孩子透過玩「家家酒」等角色扮演的遊戲讓孩子培養同理心。大約三歲左右的孩子便可參與具有簡單規則的遊戲，讓孩子學習等待、輪流和遵守指令等等。

總之，孩子的言行是透過模仿而學來的，教導孩子適當表達情緒，增加孩子和同齡小朋友相處的機會，都可以讓孩子有更多學習的機會。

Q63

如何讓孩子勇於接受挑戰？

能夠把握先機的人並勇敢接受挑戰的人並不多。孩子說：「不要……那個不好玩……」大人則說：「我不做沒把握的事！」儘管大人和小孩的說法不太一樣，都有想要安於現狀的意思，多數的人對未知的事情總會採取旁觀的態度，人們之所以害怕冒風險，是因為不想遇到失敗，因此解決問題的能力源於自信。

讓孩子增加知識可以減少對未知事件的恐懼和排斥心理，所以我們要讓孩子勇於接受挑戰，不只是鍛鍊體能耐力就足夠，同時必須提升孩子的基本常識，不能做個有勇無謀的盲從者。

心智和體能發展不均衡會造成孩子未來的學習困擾，如果一心想做好，可是動作反應跟不上大腦的思考，也會造成很大的挫折感。生活動空間較小的都市孩子，特別更需要養成固定的運動習慣，動作反應靈巧的孩子才能玩得起勁。

遇到挫折時需要別人的鼓勵，如果家人在孩子還尚未練習前就心疼喊累，日子一久孩子就會失去挑戰新事物的勇氣。對於動作反應較弱的孩子在遊戲時，必須先評估身體動作發展的狀況，先提升環境的適應力，絕對要比強迫孩子做魔鬼式訓練更好！

充實知識，挑戰未知的恐懼

鼓勵怕生的孩子參加活動前最好先作預告，針對地點、交通方式或活動過程和孩子預先討論，爸媽有責任為孩子做最好的選擇，不建議大人必須凡事詢問年紀太小的孩子「要不要參加？」因為他們對不曾親身參與的事情，沒有正確的判斷能力。

孩子在緊張時情緒混亂會影響理智的判斷，大人只需確保孩子是充滿熱情就夠了。發現孩子無法達成目標而急躁時，爸爸媽媽更要表現出冷靜的態度，調節情緒是需要練習的，請記得避免經常在孩子的面前抱怨，多說好話、用實際行動接受新事物。如果爸爸媽媽遇到任何事情都覺得新鮮有趣，孩子也會接收到熱情的感染力。

因此建議大人在鼓勵孩子接受挑戰之前，最好能夠客觀評估孩子在身體動作、心智發展及情緒等整體狀態是否已經具備基本的能力，先設定有一點難度而非努力也達不到的目標，孩子才能在獲得成就感之後，繼續朝更高的難度挑戰。

Q64 孩子學習什麼都提不起興趣，該怎麼辦？

如果孩子小時候也曾經會主動在家中翻箱倒櫃的探索新事物，長大後為何反而對任何事情都不感興趣，從好奇到冷默的變化過程，其實值得深思。

孩子天生就會有探索和觀察的好奇心，能坐穩或爬行的小寶寶只要見到東西就會伸手抓，然後再放進嘴裡咬，等到經驗足夠以後也就不再亂咬東西了。學習走路之後活動的範圍更大，任何家中何東西都可能引起好奇而想拿到手上玩弄一會兒……，諸如此類的摸索行動都是寶寶主動性學習的開始。但可惜許多爸媽會過度擔心，而限制寶寶的主動探索。

根據研究發現，長期被大人禁止不能亂動、習慣被動等待別人照顧的孩子，漸漸會缺乏主動探索的欲望和動機；父母採取開發態度、容許孩子嘗試並且在錯誤經驗中修正的教養方式，更有助於培養孩子的主動性。

如果孩子對學習缺乏主動性，也要依照不同情況來調整。首先找出孩子感興趣的是什麼？即便孩子只喜歡玩，仔細觀察也能找孩子偏好的傾向，針對孩子投入時間最長、最能樂此不疲的項目為主，接著才安排由淺到深的階段性學習目標。

孩子必須先對某種科目或才藝感到新鮮有趣，才可能投入時間和精力作長時間的練習。好玩可以引發孩子的新鮮感，但學習和單純玩樂不同，孩子必須挑戰沒有做過的事情，遇到困難必須想辦法突破，所以孩子最好能夠充滿熱情，對任何新事物都可以接受而不排斥。

爸媽遇到小孩不夠主動經常會感到沮喪，更有人說：「恨不得自己動手做了比較快。」孩子興趣不高可能是沒發現樂趣或不知如何開始，若能給孩子一點明確的指示配合動作示範，或許就可以讓孩子動起來。大人要先理解孩子不是被動，而是啟動時間點還沒有開始，幫助孩子提高反應速度才是根本的解決之道。

根據孩子先天特質研究發現，有些孩子偏向慢熱型的，在陌生環境中會先採取觀望的姿態，確定自己能做到才慢慢加入。若以感覺神經系統角度來觀察，這類慢熱型孩子也經常有觸覺防禦的表徵，處在人多或不熟悉的環境中會不自覺的有神經緊張的反應，孩子確實需要花點時間調整好身心狀態，我們必須給孩子充足的時間，讓孩子能夠自信展現出最佳的狀態。

Q65 如何提升受挫孩子的自信心？

挫折感是一種複雜的情緒，通常是因為一直達不到想要的目標，才會產生挫折感。孩子想要的期望無法達成的原因很多，雖然有可能是外在因素造成，但如果孩子想讓自己做更好而一再失敗，便可能逐漸失去信心。從小培養孩子的自信是很重要的，因為自信的孩子比較具有學習新事物的熱情和勇氣。

大人常用拍手來稱讚小寶寶，嬰幼兒也會因為別人的讚美而一再重覆相同的舉動，經常受到關注的孩子會因此產生信心，即便是不夠熟練也會因為大人鼓勵而修正自己的動作直到更好為止。

人們經常會透過臉部表情和肢體語言來傳達情緒，而情緒具有很大的感染力，當孩子受挫時，爸爸媽媽若能給孩子堅定的擁抱，往往可以給孩子內心強大的安慰和能量。

孩子因為做不好而受挫折時，最需要家人給予正面激勵，給孩子最好的鼓勵並不是物質上的獎賞，而是讓孩子能發自內心想要再試一次。

但除了心理層次的支持以外，爸爸媽媽也要進一步了解孩子為何無法做得更好，若孩子在生理方面的發展跟不上同年紀的孩子，孩子在動作、言語或學習上都可能會達不到自己預設的目標，一次又一次的做不好，便會感覺受挫而失去信心。

由此可見，必須讓孩子先得到成功的經驗，才能激發孩子想再玩一次的動機。爸爸媽媽和孩子遊戲或安排學習時，要設定一個孩子稍微努力便可達成的標準，先讓孩子得到達成任務的喜悅感，接著才能有再試一次的欲望。

給孩子明確的提示

爸媽看見孩子做不好時，有時候會用不可思議的表情問孩子：「你怎麼了？」、「為什麼做不好？」大部分的孩子根本無法回答自己為什麼做不到。而爸媽疑惑的樣子，很有可能讓不知所措的孩子對自己能力產生懷疑而更失去信心。

所以如果發現孩子對某件事產生了挫折感，建議爸媽給孩子明確的提示，如果孩子仍然不能理解，再配合動作示範，讓孩子透過模仿而學習更好的方法和技巧，就能夠重新面對挫折的問題，重頭再試一次。

Q66 如何培養高「ＥＱ」的孩子？

ＥＱ是情緒商數的簡稱（Emotional Intelligence Quotient），如果孩子愛生氣、不懂得如何交朋友，經常被別人認為是ＥＱ不好、任性而不夠成熟等等。幸好情緒商數能透過指導而改善，而父母和孩子都需要學習。

一個孩子在團體中會顯露出煩躁不安的樣子，並不能簡單以這孩子「容易緊張」來看待就算了。有些天生在觸覺、味覺和嗅覺都偏於敏感型的孩子，對於環境中任可微小的改變，都會在別人察覺之前就先感受到，他們說不清楚那兒不舒服大人只能看到孩子經常坐立難安。

當孩子有防禦性打人或拒絕別人接近的動作出現，多半也是為了保護自己；可是不明就裡的大人就會以為孩子不聽話或難相處，然後斷然說孩子的ＥＱ很不好，實在是誤解了無法說清楚的孩子呀！

想讓孩子培養出好EQ不困難，但也不能心急求快；按照孩子的心智發展來調整親子互動的方式，在孩子進小學孩子需要大量的體能訓練，各種感覺刺激對大腦發育的成熟穩定度很有關係。當孩子想做什麼動作都能眼明手快達成時，就會對自己更有信心。

適當壓力能產生抗壓性

經歷過辛苦過去的爸媽，主張讓孩子輕鬆一點，他們不希望孩子像自己一樣辛苦，所以把最好的吃穿和物質享受留給孩子，自己卻捨不得半點浪費。然而事實上孩子必須透過修正錯誤而累積經驗，讓孩子親身經歷，做錯再修正的過程，才是符合孩子需求的學習方法。

幼兒的大腦如同一部新電腦，任何新的事物包括語言、情緒理解能力都需要輸入足夠的經驗，遇到相同或類似狀況時才能在記憶資料庫中找到解決方法。

如果大人總是協助太多，孩子的大腦中裡沒有足夠的經驗可以正確的判斷，萬一遇到突發事件當然也就只能無助的流淚。

無論是運動或益智性的遊戲都要先理解遊戲狀況、記住遊戲規則，再設法達到目標，在遊戲的過程中也會經歷各種情緒起伏的過程；因此能夠玩出樂趣的孩子，EQ能力就在玩樂中不知不覺就進步了。

Q67 如何選擇適當的幼兒園？

孩子進入幼兒園的過程經常對家庭造成一段時間的變化和或多或少的小波折，不管是大人或小孩都需要有調適的時間。每個家庭的狀況不同，在選擇幼兒園時必須依照不同家庭的情況來思考，原則上爸爸媽媽要作好溝通，而不需要和別的家庭比較，也不必硬要擠進高貴的明星學校，通常正規的幼兒園教學和老師會有特色，找到符合孩子需要的環境才是上策。

首先可以預期到孩子上學之後，家庭成員的生活作習時間會有很大的改變，至少每天早晨為了打理孩子出門就必須提早起床準備；而孩子本身是否作好準備呢？包括孩子對新環境的適應能力、與同齡小朋友相處是否融洽、生活自理能力夠不夠等等，都是選擇幼兒園之前，爸爸媽媽必須先檢視的條件。

考量交通與接送便利性

每天接送寶寶上學要持續很長的時間，上幼兒園的方便性必須優先考慮，孩子的體力無法負荷每天早起搭車很久，也不能衝動的選擇離家太遠的名校。

提升孩子的自理能力

在孩子進入幼兒園後就沒有家人可以隨時照顧，孩子必須學會自己穿脫鞋子、自己吃飯、上廁所、可以聽從老師的指令配合動作等等；如果寶寶在家習慣被大人照顧而缺乏自己練習的機會，一旦進入幼兒園就會造成很多困擾。通常每個班級內如果老師負責照顧的學生人數越多，孩子就必須具備更好的獨立性。所以爸媽必須依照寶寶的發展能力強弱來評估，客觀想一想孩子適合就進入公立幼兒園，或是另外選擇私立幼兒園。

每個孩子對新環境的適應時間不同，多數寶寶需要一周到一個月時間才能習慣每天早晨和爸媽分開。若能讓孩子提早熟悉，讓寶寶有機會參觀哥哥姊姊上課時愉快樣子，並且對老師留下親切的印象，孩子也會期待自己長大後可以像大孩子一樣去學校玩。總之，如果我們能夠讓孩子對上學充滿期待，將來孩子到任何學校都能很快適應，爸爸媽媽也就不必為選擇幼兒園而焦慮。

Q68

孩子對異性特別好奇怎麼辦？

幼兒經常以視覺、觸覺作為主要的觀察判斷和經驗累積的基礎，觀察力敏銳的孩子最容易看出不一樣男性和女性外表服飾和生理特徵的差異點，當孩子感到好奇自然會想多看一眼或忍不住伸手觸摸……，這些都是幼兒在探索學習期的行為特徵。

大約在兩歲左右的孩子就能學會認同自己的性別，並且尊重別人，但這時候孩子還是沒有明確的性別概念。孩子看見新奇的事物總會特別好奇，異性和自己不一樣的長像當然也是其中一項，所以孩子對異性特別好奇是很自然的發展過程，如同孩子看見新玩具會伸手觸摸的原理一樣，所以只要平常心看待無須緊張。

通常孩子會對異性特別好奇，可能是生活當中出現的異性較少。兒童遇到不熟悉的人事物出現時，趨避反應都不一樣：依賴視覺學習的孩子通常在遠距離觀望而不主動接近；但需要透過多重感官經驗來學習的孩子就會想靠近研究，遇上這類型的孩子只聽別人說是不夠的，他們會忍不住動手觸摸、仔細端詳……。對大人來說，緊盯著別人看是失禮的，但孩子的動作只是出於好奇想明白：「為什麼和我不一樣？」

身體形象的認知發展在三歲左右形成。

孩子開始學說話時就可以教導他們認識自己的身體，在談話或遊戲時引導孩子觀察自己和爸爸媽媽有什麼不一樣？教孩子學習男生或女生是一種認同自己、認識他人的生活教育。

幼兒園階段的老師會使用掛圖或照片等輔助資料來讓孩子明白兩性外表及身體器官的特徵，人類成長的發展在每個階段看起來都不一樣，如同介紹動物、植物的生長相似，上自然課方式一樣的具體解說，孩子就能夠理解而不會再特別好奇了。

Q69 如何讓分心的孩子提高專注力？

相信很多人都有過相同的經驗，每當遇到有興趣的事情就會感覺時間過得特別快；若是遇上自己不善長或有不好經驗的事情，就算某件事很重要在執行時也會有力不從心的壓力。

注意力集中的時間長短會因人或因事而不同，孩子在遊戲或學習時出現分心背後都是有原因的，大人必須以客觀的角度協助孩子找到改善的方法。

大人對孩子容易分心的情況可能會有誤判，孩子維持專心遊戲或學習的時間是隨著年齡而增長的，年紀越小的孩子維持專心的時間通常不會太長，只有特別感興趣的事情才能維持半小時以上。

想讓分心的孩子提高專注力，必須先找出造成孩子不專心的原因，才不會誤解孩子不夠努力或學習態度不佳。針對不同原因而造成的分心狀況有不同的改善方法，必須先耐心觀察才能協助孩子改善專注力的問題。

觀察小孩子不專注的原因：

◇練習時間是否超出體力負荷？

◇所處的環境是否有影像或聲音干擾孩子的專注力？

◇孩子是否對這個主題不感興趣或不理解？

◇孩子是否覺得這個太簡單覺得無趣？

◇孩子是否缺乏學習或參與動機？

Q70

孩子的人際關係不好怎麼辦？

「不懂如何和同學相處」是許多孩子不喜歡上課的原因之一。孩子在進到幼兒園的團體活動之前，成天和大人生活的時間較多，除非刻意安排否則少有機會能和年齡相近的孩子相處，年齡相近的孩子在一起很難避免會發生磨擦、爭吵，其實多數的兒童可以找到方法和其他小朋友溝通；當小孩遇到爭執時即便大人不出面調停，孩子也能找到相處的模式很快玩在一起。

通常孩子在兩歲前就可以配合家人說話，作出正確的回應。能聽從大人的遊戲規則，也具備理解別人的意思，並學習如何和人溝通了。尚未入學的孩子在家可能處於被幫助的立場居多，即使孩子和家人相處融洽，也不一定上學後與其他孩子和協相處，例如：幼兒許多的行為動作都是直覺式的，想要什麼就動手拿還不習慣先爭求別人的意見，如此一來就會在小朋友之間產生衝突。最常見到的是孩子們爭吵「這是我的」，孩子無意中可能侵犯別人而不自知。

如果大人凡事都以滿足寶寶生理需求和欲望為優先，未隨著孩子長大而調整方式，習慣被照顧的孩子長大後有可能還會以自我為中心，不懂得主動關心別人。缺乏同理心或本位主意強的孩子，和別人溝通時若採取強硬的方式，遇到外人時會不願配合，無法獲得其他小朋友認同時，自己也會產生失落感。爸爸媽媽必須讓孩子明白，不是送禮物給別人就可以交到好朋友，學習關心別人，無論在說話或待人接物都要有禮貌，就能成為受歡迎的孩子。

TIPS

教出人見人愛的貼心小孩：

一、教導孩子學會觀察別人的情緒表情。

二、教孩子學習正確的表達和溝通方式。

三、教孩子懂得主動關心別人。

四、懂有禮貌，常說：「請」、「謝謝」、「對不起」。

五、常懷感恩的心，懂得和別人分享。

Q71 只聽老師的話，在家是個小霸王怎麼辦？

幾個月大的嬰兒就會觀察大人的表情，也能分辨出爸爸媽媽高興或生氣的表情，通常孩子出現不當的行為出現時，爸媽只要臉上的表情嚴肅就暗示不能再做，而孩子大致也能發現該怎麼做才是對的。

觀察力好的孩子能夠發現在不同的規則下，必須作出不同的表現；換言之，如果孩子會聽老師的話，而回家後主動性就大大降低，那麼很可能小孩子只是依照大人容許的範圍內，嘗試做到別人期望的樣子罷了。除了極少有情緒障礙的個案之外，若孩子在家表現出任性小霸王的模樣，絕大部分很可能家人在管教孩子的態度上有忽緊忽鬆的情況、也可能有人對孩子寵愛過度，「小霸王」或「公主病」都是累積出來的不良習慣。幸好，這都可以透過正確的引導來改善。

大部分的老師在訂定規矩時較明確：不容許孩子討價還價，也會訂定一些獎勵的制度來鼓勵孩子。因此多數小孩都知道要聽老師的話，不能違反規定。孩子完全不受約束、不聽指令需要即早教導糾正；如果孩子在學校和在家呈現不同表現，就表示孩子很懂得察言觀色，也懂得比較、判斷，我們可以欣賞孩子小孩子反應快、點子多的優點，然後隨著孩子年齡較大再來要求配合遵守規定。

培養愛心讓小霸王變溫柔

如果孩子只是因為不懂得溝通而出現強迫別人的霸道言行，首先要教導孩子如何用溫和的方式爭取他人的認同。許多主觀意識強的孩子會有自己的想法，對於大人教導的事情不一定會全盤接受，父母和語言邏輯反應特別快的孩子溝通時，要有點心理準備，通常越是聰明的孩子越會據理力爭、堅持度高，不像其他小孩一樣輕易放棄。

每個人都有想要幫助別人的善良本質，我們要在平常就教導寶寶懂得關心家人，鼓勵孩子以具體行動表現出來更好。孩子能夠幫忙的事並不算少，打從寶寶能走路時就可以幫忙拿東西、給家人倒水等等，孩子從被照顧者一下子升格為可以照顧爸爸媽媽的大孩子，能帶給孩子即大的榮譽感，這對本身就具有領導特質性格的孩子特別管用。

第5章

孩子的未來，從家庭教育開始

Q72 教孩子比ＩＱ更重要的事

ＩＱ（Intelligence Quotient）是智力商數的簡稱。很多人以為ＩＱ好就表示孩子聰明將來學習會比較容易；然而事實上存在很大的誤解，因為參與ＩＱ測驗得分高的孩子，並不一定在學校參加考試時每次都能得到最高分數，特別是心智年齡還小而對於「為什麼要考試？」還弄不清楚的孩子。

培養生活力

大腦懂得很多知識，假如無法妥善運用出來，即使在ＩＱ測驗時獲得高分也並沒有實質意義。讓孩子受教育最終目標，無非希望孩子成年後可以擁有更好的生活，所以成績單上的數字不能成為孩子唯一的任務，能夠在生活上具備獨立思考、創造力和應變能力，相對就更為重要。

孩子求學過程的不同階段都會遇到不同的老師，每個階段的老師可針對專業領域相關的知識傳授給孩子。但僅管如此，影響孩子終身的人很可能是幼兒時期的照顧者，而爸媽就是協助孩子把所有常識和知識融入到生活當中最直接的示範者，由此可見家庭教育的重要性。

運用多重感官學習活化大腦

爸媽在孩子進入小學之前，有三個方向必須關注：一是能看懂、二是能聽懂、三是能夠做好。讓孩子無論在家或外面場合都可以展現出耳聰目明、動作反應敏捷的自信狀態，而不是只有在某處很好，其他地方反而為所欲為。

我們要關注兒童的身體動作發展，透過孩子的行為表現客觀得知幼兒還無法說清楚的感受，提供孩子最需要的資源和幫助。給孩子過多的寵愛如同過剩的營養品，強迫孩子吃下無法消化的食物會造成腸胃道消化不良，協助過多而減少孩子動手和動腦的練習經驗，也會影響大腦反應的靈活性，間接養成孩子被動、冷默和凡事無所謂的態度。

不同家庭文化對孩子的期許不同，教孩子比ＩＱ更重要的事必須隨孩子不同年齡而設定短期目標。爸媽要支持自己的孩子：給起步較慢的孩子加油打氣、讓衝勁十足的孩子學會看清方向才能保護自己。總之，許多無法具體數字量化的做人做事方法，都是比ＩＱ更重要的事——教養也絕對不能單一的偏食和挑食。

Q73 讓孩子作自己

「為什麼孩子很固執，總是不聽大人教的話？」、「為什麼孩子講不聽，我們是為他好難道錯了嗎？」……焦急的爸媽擔心孩子犯錯吃虧，總想預先做好萬全準備才不會讓孩子吃虧上當；如果遇上不肯完全順從的孩子，親子之間的關係就會出現爭執。

大人常以自己接受的教養觀念和過往經驗來教育下一代，而很少人發現孩子和爸媽的天生優勢可能有相當大的差異，隨著時代進步社會環境和孩子成長接觸的訊息也大不相同，我們無法預測未來二十年後的改變，所以培養孩子作自己、對自己有信心，未來才能夠從容面對新挑戰。

天才，是天生和環境交互作用的結果

喜歡繪畫的孩子拿到筆就停不下來，喜歡音樂的孩子獨處時會忍不住唱起歌來……，「做點有意義的事情不行嗎？」通常孩子專注投入某項非正規學習科目的時候，多數爸媽會擔心孩子太投入耽誤課業學習而打斷他們。其實優秀的人才，不是一夕之間突然就學會的，熟能生巧、精益求精，若對某項學習感興趣，孩子也能不怕困難想辦法要達到自己的目標而不怕吃苦。

每個孩子有自己的優勢，能被早期發現而接受適當引導孩子，更容易練就比其他人更好的專長，爸爸媽媽必須慧眼獨具才能看見孩子的優點，鼓勵孩子發揮創意和想像力。

關心孩子成長的步調

其實孩子的興趣和喜好與天生的感官優勢有關，更和成長環境中接受的經驗值多少有關聯。孩子喜歡的不一定能做好，爸爸媽媽需要比孩子更仔細評估孩子身心發展的進度，才能協助孩子施展長才。

舉例來說，愛唱歌的孩子對音感的領悟力強，但孩子並不見得在視覺、身體協調等綜合性能力也和聽覺一樣發展超強，孩子想學琴但身體無法完成想要的動作反而會使孩子失去信心，強迫孩子練習就不如先讓孩子先透過運動來加強體力。

總之，「讓孩子作自己」是尊重孩子成長的步調，並非完全不管，孩子成長的過程中，會經驗各種突發狀況，父母有責任給孩子指引一條明確的道路，至於如何達到目的地呢？請相信孩子有能力可以找到方法。

Q74

學會當個孩子的聽眾

有些嬰兒天生具有很好的聲音模仿能力，能主動模仿大人聽到的聲音；學會開口說話的時間比較早，喜歡聽大人說話而且會主動發表見。幼兒語言發展比較好的特徵需要被大人欣賞才有機會進步，否則天生有語言學習天分也可能被忽略；遇到爸爸媽媽工作太忙無法一直回答愛發問的小孩，反而會覺得愛說話的小孩很吵，大人不想回答時甚至還會要求小孩乖乖聽話就好，限制小孩聽大人的話就好不要自己意見太多，反而會壓抑了孩子想要主動表達的內在動機。

自從3C產品普及之後，人和人面對面說話的時間越來越少了，我們可以經常見到不管是大人或小孩在通勤乘車、聚會吃飯時間都忍不住會低頭玩看手機。在都市中生活步調緊湊的爸媽和孩子相處時間更少，親子兩代彼此的想法也能透過輕鬆的談話更加清楚，因此難得全家人能夠坐在一起聊天說話的時刻就顯得珍貴。

孩子學習說話時必須經常練習才能說的流暢，喜歡聽並不代表完全聽懂內容和詞句。許多家長常會擔心孩子不會寫作文，但卻不知道文字表達能力和語言發展也有關係。兒童的語言發展必須歷經「聽、說、讀、寫」四個階段。媽媽每天播放生動精采的有聲故事，不一定孩子長大後就會喜歡閱讀，更不能保證孩子和人交談時可以流暢表達自己的意心。

上小學後聽覺學習和視覺學習都很重要，如果錯過口說訓練和文字閱讀的學習經驗，孩子在書寫句子或文章時便會腸枯思竭還無法下筆。孩子入學之前的孩子最好能學會和其他人互動溝通，能聽懂大人的問題並且完整的表達自己的意思。

不可中途打斷或批評

在孩子開始學說話的前幾年，爸爸媽媽要學習耐心傾聽孩子的聲音，經常鼓勵孩子表達自己的想法，由於孩子的思考模式和大人的習慣不同，反應較快的孩子常會有天馬行空的創意和新點子，大人必先排除即定的思考模式，學習傾聽而不要太快批評而打斷孩子說話。若可以讓孩子在沒有壓力的情況下說出自己的想法，有時我們還能驚覺原來小孩比大人更具有敏銳的觀察力。

想培養孩子具有自信大方的語言表達能力，就必須從小提供孩子獨立思考和完整的語言組織能力，平時鼓勵孩子明白和別人溝通的方式、掌握說話的時機，不要任意插嘴等等……，當爸媽先學習當個熱情的聽眾，慢慢就能鼓勵孩子更樂於和別人分享自己的經驗。

Q75 啟發與誘導，孩子就會讓你刮目相看

「好難啊！」五歲的帥帥看見老師拿出拼圖散放在桌子上，大聲抗議。口中說困難時眼睛卻直盯著桌上的東西瞧，顯然並不是真心想拒絕。

「老師覺得這對你來說算是簡單的，我相信帥帥自己可以拼出來的。」

只見男孩調整姿勢重新坐正起來，才沒多久時間就輕易把拼圖完成了。

「真棒！誰教你玩拼圖的？幼兒園有嗎？」

「我自己會的。」

果然，又是一個喜歡引人注意的聰明小孩。

遇到問題先叫累或很難的孩子有不少，但會大聲喊困難的孩子通常會因鼓勵而調整注意力，再次集中精神來想辦法解決問題。帥帥在拼圖的過程當中不只

一次嘴巴說「很難」，然而手上的動作並沒有因此而停下來。

無法找到方法解決問題的孩子，通常不太好意思主動發問，爸媽在觀察到孩子真的不懂時可以給一些更具體的提示和誘導。而通常會大聲說難的孩子，很可能是出於不自覺的習慣反應，嘴巴上說困難並不是真的無法做到，或許只是還不想動腦筋，也可能需要別人看到他的努力而發出訊號，其實是希望獲得別人的讚美。

孩子的實力和爸媽所見有時候並不相同，許多孩子在家常顯露出鬆散依賴的模樣，到了學校或團體活動卻能發揮爸媽從沒見過的實力，其中最大的原因是家人總覺得孩子還小，而有經驗的老師更懂得用讚美和鼓勵來啟發孩子的潛能。

對孩子要有期許

「帥帥是個活潑熱情的孩子，請問你對兒子有什麼期許呢？」

帥帥媽媽說：「我想這孩子可能真不夠聰明，玩東西經常會跟我說很難或很累。我不想給孩子壓力，也不要期望他長大考試一定要多麼好啦，小孩子開心就好。」

其實每個人內心都想要自己更好，也想爭取別人的認同，但帥帥媽媽的想法可能會促使孩子在家會不自覺的叫難或喊累。因為只要喊難就可以不必做，自然沒有必要浪費時間做動腦或動手的事情，久而久之，原本聰明的孩子就不再主動勤奮了。

教導孩子用愛和耐心還不夠，爸媽要懂得用好的方法來引導，才能教的輕鬆、學的愉快。啟發智慧、誘導孩子發揮天生的好奇心，孩子就會讓你刮目相看。

Q76

別讓你的應該害了孩子

「請問老師，為什麼大人要規定背書一定要坐著才可以呢？」

「你喜歡在家背書的時候能在房間走來走去對不對？」

「對啊，坐著不動我就會不舒服……」馬克鼓起勇氣說提出心中的疑惑，據說他是位學校老師和家人都認為叛逆的孩子。

孩子身體姿勢和動作透露著訊息，馬克真心希望自己有好成績、可以獲得大人的讚賞；但是他的學習方式比較特殊，需要配合身體動作來幫助記憶，回答視覺記憶類的測驗時雖然小動作很多，然而答案的準確度卻很好。可是大人無法理解他為什麼動來動去？

學習的方法有很多，每個人要找到適合自己，而且效率最高的方法來練習。

馬克的體型高瘦而結實，從一開始坐下操作電腦時就不斷轉動脖子和肩膀，還會忍不住變換坐姿。進門短短五分鐘不到，男孩的兩手就開始忙亂；雖然電腦評測答題的正確率都在平均水準之上，甚至部分視知覺能力正確率很高，但是上半身動個不停，卻成了馬克上學會遇到最大的問題。

馬克在一手控制電腦作答，還能動手將桌角的線糟孔蓋忍不住拆下來，拿在手上把玩著，可見任何新的物品都可以引發好奇心而不自覺動手摸的情況。幸好過於頻繁的小動作沒有影響他的大腦思考。馬克不是理解力不好，而是較容易被外界刺激干擾而分心。減少學習時的外在干擾物品，在不妨礙別人的情況下，以活潑的方式學習效率就會更好。

動作太多的孩子進入中規中矩的學校之後，常會讓老師和媽媽造成困擾；更有學校和補習班老師還因為可會影響班上同學而處罰坐不住的孩子。可惜處罰無法抑制住孩子動來動去的情況，大人反而覺得這小孩故意唱反調，但他們真的不是故意惹大人生氣。

爸媽希望孩子認真學習，大人也經常用從坐姿端判斷孩子是否具有積極的學習態度。而坐姿不良卻不一定是態度不佳：當身體太累、生病或情緒狀態不佳都會讓人呈現有氣無力的樣子，也有人是生理因素而造成影響姿勢的穩定，爸媽不可輕易錯怪孩子，更不能認為做事的方法只有一種。

爸媽和老師看不慣孩子的動作太多，但是需要依賴肢體動覺來整合學習的大有人在。允許孩子在不妨礙其他同學的地方，可以配合身體律動來背書，馬克就能記得又快又好。

Q77

珍惜和孩子相處的時刻

爸媽傳達關愛的方式，如果不是孩子想要或需要，有時候孩子感受到的反而是一種壓力和負擔。

有位媽媽對自己和兒子的相處感到很挫折，因為孩子不肯讓媽媽坐在旁邊陪他複習功課。媽媽不忍兒子每晚讀書時間很長，想坐在旁邊陪著他才不會太寂寞，可是孩子卻常會因此而生氣。

媽媽說：「我好心想陪他有錯嗎？兒子竟然覺得我在監視他。」孩子小時候是外婆照顧的，爸媽因為工作太忙無法照顧年幼的他，現在只是看他每天晚上在房間讀書很辛苦，就是安靜坐在旁邊想陪著他也不行，還會嫌媽媽很煩……太傷媽媽的心了。

兒童心智發展的過程是漸進式的，出生後到進幼兒園之前孩子需要家人陪伴，進入團體後開始重視朋友和同學，在小學高年級之後孩子就需要隱私空間了，青少年不再喜歡陪爸媽到處走。他們希望被當成大人一樣的對待，過多的關心和問候反而會讓孩子覺得自己很幼稚或無能。爸媽若可以先懂孩子身心發展的過程，就能隨著孩子成長而調整和孩子相處時的溝通方式，而不會有挫折感。

嬰幼兒時期是建立親子信賴關係的重要階段，在多數幼兒還無法說出完整的意思之前，爸媽常以為寶寶什麼都不懂而錯失了與孩子相處的時間。兒童時期養成的生活習慣和成長過程中累積的經驗，都是日後孩子在面對學習和做人做事時的判斷依據；孩子經由和爸媽相處時一點一滴的吸收著，生活教育不是讓孩子坐在教室聽老師上課就能學會的。

對於年紀小的孩子而言，爸媽陪伴孩子不只可以培養親子間的默契，無形當中也傳達了父母教養的價值觀，在青少年時期就能維持親密的互動關係，而不會發生孩子總覺得父母很嘮叨的親子衝突。

陪伴是最好的教育嗎？

這個問題並沒有標準的答案；有的孩子喜歡一個人靜靜的玩，有的孩子喜歡人多熱鬧的場合、特別喜歡和大人聊天。家有不同個性和學習風格的孩子，爸媽可以耐心觀察孩子在什麼樣的狀態下情緒最穩、最舒適。

親子間的親密關係是需要花時間維護的，年紀小的寶寶更需要大人陪伴，成熟獨立的孩子需要獨處的時間。所以，陪伴時間的長短必須由爸媽和孩子彼此溝通協調，不必和別人比較，而是依家庭互動樣式調整。

Q78 懶媽媽也能教出棒小孩

懶媽媽也能教出棒小孩，並不是媽媽推卸養育責任的藉口，而是希望家長們能夠放下過度的焦慮，讓孩子隨著年齡的增加勇於接受挑戰，才能成為獨立堅強的個體。過去，母親給人的形象總為了照顧家人和子女而辛苦操勞的女性。刻版的印象讓許多女性朋友抗拒婚姻、更害怕成為母親，而相反的也有人在生育子女之後，開始感到責任重大，深怕被別人指責沒有把孩子照顧好，於是無微不至的呵護著孩子、限制了孩子自我成長的機會。

孩子最好的啟蒙教育源於家庭，從寶寶誕生後的每一天開始，孩子和大人相處的每一刻都在模仿和學習，家人的一言一行都會產生影響。嬰兒需要被細心的照顧，而隨著寶寶動作發展成熟後，爸爸媽媽就必須放手讓孩子自己操作練習，唯有孩子能夠透過視覺、聽覺及各種感官經驗，配合過去的認知重組整合，才能「心領神會」，然後才能夠長期保存在記憶當中。

所以最佳的教學方法並不是單方的傳授知識和經驗，如果我們要求孩子必須仔細聽、認真看還是不夠的；學習者還必須透過身體力行的實際操作，嘗試看看別人教過的事，等到可以融會貫通後，才能產生創新和改良。

教養孩子實在急不來，先懂孩子再設法引導，就可以輕鬆教出善解人意而知書達理的孩子。**勤快的媽媽必須學習裝懶，必須耐住性子接受孩子練習時呈現的不夠完美，讓孩子自己發現不夠好的部分，思考如何修正再試一次。**

爸媽總會擔心孩子犯錯而焦慮不安，想要當個不操心的懶媽媽並不容易，通常爸媽最大的考驗就是要忍受孩子因動作不夠熟練而動作慢吞吞；當我們發現打從心裡很想要做好而動作卻跟不上的孩子時，不能催促或譏笑他，大人必須更明確引導孩子能發現如何有效率的學習和遊戲。教養棒小孩必須啟發孩子的主動性，習慣接受指令動作而沒有動腦思考的孩子，會漸漸失去主動探索的強烈動機。爸爸媽媽必須隨著孩子長大，逐漸把父母親從照顧者的角色，調整為啟發孩子能力的好教練。學著放下焦慮的心情，讓孩子承擔長大的責任吧！

Q79

故事是教養的魔法棒

幾乎所有的孩子都喜歡聽大人說故事，聽爸媽講故事成為許多孩子每天最期待的事。如果爸爸媽媽白天都很忙，唯有講故事時會暫停手上的工作，此時給孩子講故事的時間對親子情感交流的幫助，更要遠勝過故事內容的完整性了，因為孩子喜歡自己受關注的感覺。

兒童聆聽大人親口說故事和聽機器撥放的有聲故事，兩者的效果是截然不同的；透過爸媽的聲音、表情和肢體動作所傳達的內容，對年紀小的孩子會更有幫助，因為孩子可以透過視覺和聽覺獲得豐富的訊息，爸媽還可以依照孩子的表情掌握講故事的節奏，所以更容易讓孩子「聽懂」。由於專人錄製的「有聲故事」多半是專業配音人員，說話的聲音和音調特別明顯，隨著故事發展還有高潮起伏的配樂，讓孩子聽得入迷。有聲故事豐富的聽覺刺激可以給孩子很好的大腦刺激，但只有聽而缺乏看見實體物件的觀察對照，有時候孩子未必真正聽懂其中的字詞，對故事內容說了些什麼不一定能真正理解。

從聽故事觀察孩子的需要

二歲左右的孩子特別喜歡聽相同的故事，因為年幼的孩子才剛開始學習新的詞彙，爸爸媽媽為寶寶講述熟悉的故事是很有趣的記憶遊戲，孩子喜歡聽重覆的故事而不想換新的，正是因為聽到熟悉的關鍵詞句會感覺特別有意思。

二到三歲是兒童語言發展最關鍵的時期，即便孩子還無法說出很完整的句子，大致上也會開始對認識圖案或繪本感到好奇；萬一孩子在爸爸媽媽講話或講故事時都沒有正確的反應，就是一個值得大人注意的狀況了。

給孩子說故事是一種累積孩子生活常識和知識的方法，然而最具吸引力的說故事高手不會把快樂的親子時間變為嚴厲說教，所以爸爸媽媽只需要保持童心，以輕鬆的狀態和孩子談天說地，發揮充分的想像力和聯想力，就可以讓教養孩子變得輕鬆而有趣。

Q80

因材施教

每個孩子都有天生的優點，幸運的被人及早發現而給予適當的引導和練習機會，就可能發展出異於常人的獨特能力；如果環境中缺乏資源，天才也可能被忽視而無法獲得一展長才的機會。所以在孩子遇到好老師之前，爸媽和家人就是發現孩子獨特優點的啟蒙者了。

每個孩子與生俱來的學習風格和爸爸媽媽並不一定相同，如果爸媽和孩子學習的習慣很像，親子互動和溝通都會很和諧；如果小孩和爸爸媽媽的習慣不同，就會讓大人覺得小孩難教，情緒來時還會想：「怎麼特別不聽話呢？」

因材施教的理想希望大人可以發現每個孩子的特點，啟發個人的優勢，而教養小孩也不是依照教科書上的原則一套方法就適用於不同的家庭。

許多媽媽想知道有經驗的朋友遇上小孩的各種狀況是如何處理的？特別認真

的媽媽還要做筆記詳實記錄下來。但終究每個孩子都是獨一無二的，請不要拿自己孩子和別人相比，更不宜以兄弟姊妹的表現來比較批評；年幼的孩子理解力是有限的，絕大多數孩子無法理解大人想藉由言語刺激來激發孩子振作起來的好意；只能感到自己不受重視，長期被批評反而會讓孩子用行動反抗，甚或消極排斥形成悲觀心理。

學習的風格和一個人的感官敏銳度有關係，大致可分為聽覺型、視覺型和體覺型三種。

聽覺型的孩子喜歡透過聲音來學習和記憶，背書時需要大聲朗讀出來；體覺型的孩子背書會忍不住走來走去或用身體來比畫；不同類型的孩子在一起學習時，可以靜靜坐著看書一動也不動的小孩，多半是視覺學習型的。通常文靜聽話的孩子比較受到傳統學校老師的喜歡，然而動來動去的孩子動作靈巧，只要用對方法學習也能得到很好的成績，可惜體覺型的學生在過度的限制下無法施展潛能，會因被大人批評而不愛上學。

年紀越小的孩子需要透過身體動作來輔助學習，所以懂得孩子特質的老師和爸媽就能容許孩子用自己比較有效率的方法來練習，也就不會因為限制孩子要和別人一樣而造成親子互動的衝突了。爸媽懂得欣賞孩子，才能達到因材施教的效果，孩子需要在受支持的環境中學習成長，期許孩子更好，就會看到孩子越來越棒！

Q81

愛孩子不必談條件

「孩子為什麼沒有志氣呢？我跟兒子說考一百分就給一百元，他竟然還說我沒誠意，真是越大越不懂他在想什麼，好心要獎勵他也起不了任何作用。」一位爸爸覺得兒子不視好歹，為孩子不求上進而抱怨不已……

「其實這孩子也不笨考試都會及格的，平常考試也能有八十分上下，我想訂個獎金讓他更認真一點，不對嗎？」

教導孩子重視自己的學習成果是對的，但是考試成績高低不僅呈現孩子的學習態度好不好，我們可以透過考試內容來檢核孩子學習是否遇上困難。若孩子在某個單元沒有完全理解，而大人未針對孩子還不懂的地方補強，就算訂了很誘人的獎勵，孩子也提不起興致的。孩子會為了爭取得到禮物而向大人討價還價；如果爸媽把目標訂太高而太難達到，孩子就寧可放棄了。

爸媽為鼓勵孩子幫忙做家事或考試成績更好，常會訂定獎金來鼓勵孩子，而這種條件交換的教養方式並不適合經常使用。

經常利用物質獎賞的方式鼓勵孩子潛藏風險，因為人們有「物以稀為貴」的心理，當孩子覺得物質獎勵的價值感減低之後，再多的玩具或獎金也會失去吸引力。這種依賴別人獎勵才能把達成目標的方式，無法培養出自動自發的主動學習意願和責任感，一旦外在條件失去之後就失去了激勵的作用。

愛孩子就不必和孩子談條件，但我們要讓孩子明白自己的責任是什麼。寶寶學會走路之後活動的範圍就變大了，接觸的人也會越來越多。隨著兒童心智發展愈來愈成熟，我們就必須設法使孩子從一個只能被別人照顧的人，轉變成為能夠關心別人的人。孩子如果能夠做好自己的本分或主動幫助別人都值得鼓勵。爸爸媽媽只需要用一個肯定的微笑、熱情擁抱，講一句稱讚支持的話語，都能讓孩子重覆好的行為，也能激發孩子向上的動機。

不需要用物質交換愛，讓孩子知道自己的努力被看見就是最好的肯定。

Q82

教養、無所不在

爸爸媽媽都會期望自己的孩子長大後成為優秀的人才，為了孩子能進入好學校而在明生學區內購屋置產，到處打聽孩子幾歲要學什麼才藝……深怕錯過了孩子成長的黃金期。

「我的孩子已經六歲了，學校老師常常說她動作慢；是不是沒救了？我想也算了，健康快樂就好其實我們也不會期望太多。」一位發現女兒學習跟不上特別辭掉工作的媽媽不知如何是好，她想教好孩子，可是卻對孩子為何無法記住教過的事情常會忍不住發脾氣。

其實成長和學習是一輩子的事。

心與腦是掌控人類生存的主要關鍵，活著就有學習進步的機會，反應較慢的孩子不會沒有救，只要用對方法善加引導就能進步，而生活當中隨時隨地都是孩子學習的教室。教導孩子善用視覺、聽覺、觸覺來認識周遭的人事物，培養孩子對環境充滿熱情、保持想要探索發掘的好奇心，是一切學習的基礎，若具備這些能力，即使起步稍晚孩子還是可以學習，進步的，我們不能在言語上對孩子失望，更不該讓孩子輕易放棄努力。

幼兒時期很多爸媽主張要讓孩子快樂就好。而真正的快樂必須建立在和諧舒適的感受上，當孩子身處在團體當中若聽不懂或跟不上同伴時，便可能產生失落感，所以鍛鍊孩子的運動能力和動手能力便相當重要。若想讓孩子也能夠觀察敏銳、身手靈巧，就不是讓孩子坐在教室內聽老師上課可以輕易獲得。

當父母想通了這些道理，就不必擔心孩子能否擠進名校，每個孩子都能在生活中學習到寶貴的經驗。學習，沒有界線；教養，無所不在。

教養孩子不必焦慮的把孩子隔絕在安全的環境當中，而是要教孩子具有明辨是非的判斷能力：看到好的行為要學習模仿，看到不好的行為就要記取教訓避免重蹈覆轍。有些家長希望孩子在最高貴的名校就讀，是為了「不想孩子學壞」，但是在孩子還不能夠準確的區分好壞之前，家人的言行舉止就要更具體的給孩子做出好的示範。

您想留給孩子用不完的金錢或是賺錢的能力呢？我們身處在一個變化快速的年代，有形的財富不一定能保值；讓孩子擁有智慧和謀生能力，無論環境如何改變都能適應才是長久之計吧！

Q 83

氣質怎麼培養？

氣質包含了由內到外的人格特質，無形的內在知識涵養或外表的言行舉止，都要需要長期的養成。人們會用高貴大方、溫文儒雅……等等詞語來形容一個人氣質很好，所以如果想培養孩子的氣質，就必須從小教導孩子要留意自己給別人留下的形象，待人處事要學習寬容大度，還要具備良好的溝通表達能力，因此培養氣質可以說是生活教育，更是文化的薰陶。

成長中的孩子處於可塑性最佳的階段，生活環境中看到、聽到和接觸到的事物都是模仿學習的對象。若我們期許孩子具備高尚的情操與氣質，大人必須先作出良好的示範，從寶寶學說話開始就可能教導孩子用合直的聲調說話，更要教導孩子能夠大方的與別人互動交談，包括舉手投足及說話表情都需要引導，才不會顯出急躁失禮的舉動。文化和美學的教育是日積月累而成的，無法用金錢換得，一位擁有自信的人也會呈現出令人尊重的高貴氣質。

當爸媽發現孩子偶爾有失控的表現時，請先以包容的心情來接納，不需要嚴格限制孩子主動探索的想法；若因過度的壓抑讓孩子失去嘗新的動機，反而會變成被動而失去有自我主張。

培養孩子具有大方的氣質，無法一蹴可幾。爸爸媽媽必須理解幼兒的大腦發育還不夠成熟理智，所以無法完全克制衝動，即便孩子已經知道大人立下的規定，但無論在生理和心理上都需要豐富的感覺經驗，好奇心的作用經常會讓孩子想動手試一試；孩子也會因為情緒失控而出現不滿意就哭鬧的情況，當孩子出現這種情況時必須冷靜，爸媽必須先懂孩子，才能使用正確的方法引導孩子展現適當的行為。

TIPS

十招教出有氣質的小孩：

一、能依外出場合挑選合適的衣服，配合作適當的打扮。

二、有良好的個人衛生習慣。

三、可以安靜等待片刻而不急躁。
四、能與家人一起在餐桌吃飯聊天，不會亂跑或只顧低頭玩手機。
五、在公眾場所能夠輕聲細語，不大聲喧嘩。
六、能細心發現別人的需要，並且願意幫助別人。
七、可以控制衝動的行為，不會出現粗魯的動作或語言。
八、能用說話表達自己的需求。
九、能判斷是非，能夠記住大人的規定並且遵守。
十、遇到困難冷靜處理，不會慌亂或任意發脾氣。

Q84 孩子不善溝通怎麼辦？

爸媽常會為內向不說話的孩子著急，擔心不主動說話的孩子長大可能會吃虧。

其實，安靜少話的孩子也不一定就是不善於溝通，有些孩子在陌生環境會顯得保守內向，在熟悉的家人朋友面前就能辯才無礙，因場合不同而有兩極化表現的孩子容易緊張，所以爸爸媽媽反而要給不善於在公開場合說話的孩子更多時間調整心情，避免過度的強迫孩子要表現出在家的樣子，否則孩子可能會以不同的理由拒絕參加社交場合。

溝通表達的能力需要臨場的經驗和一次又一次的練習。

從小會講話又善於溝通的孩子人緣很好，可以主動和大人說話的小孩，有時讓大人不知不覺給他較好的待遇。愛說話的孩子若說話的時間不對或話太多而停不下來，也會引起不必要的誤會。所以孩子表達能力的過與不及都需要大人適時的指導。

大部分的小寶寶在一周歲前，就能用手勢動作來表達意思，也能看到大人招手表示要他走過來、揮手就表示不可以……，人與人的溝通包括了肢體語言、臉部表情、聲音、語言、文字或圖案等等，孩子必須能夠看懂並且和其他人進行交流、互動，才算是一個善於溝通的人。

我們要讓孩子習慣說「請」、「謝謝」、「對不起」，習慣使用尊稱和感謝的方式說話，孩子在與他人溝通時，就能夠顯得有禮貌而受到歡迎。反之，若孩子平時和大人相處時間比較多，習慣聽命令式的指令，學到的溝通口吻可能會強硬而直接，遇上和年紀相近的孩子一起玩就容易產生衝突，主要原因是其他小朋友也有自己的想法，無法像家人一樣無異議的配合。

隨著孩子年紀越大，溝通能力就就愈來愈重要。在孩子由家庭進入團體學習的成長過程中，心智發展會由一開始的只重視自己，逐漸進步到可以關心別人。舉例來說，會走路的小寶寶看到有人跌倒受傷會用手拍拍人表示安慰，看到別人流淚了會拿紙巾過來，這些看似不起眼的小動作表示孩子已經具備同理心，也就是教導孩子和別人溝通的最佳時機，而這種人與人的溝通學習，並不需要等到孩子學會開口說話之後才開始。

讓孩子和小朋友一起玩是最好的溝通練習，即使孩子們會發生吵架或爭執也是學習溝通的機會教育，遊戲的經驗有助於溝通表達，孩子更需要玩伴而非語言訓練師。

Q85

教養孩子要學會傾聽

在孩子還不會說話前就有自己的想法和需求，孩子不肯讓大人餵食、只想要自己挑選衣服……，許多生活上容易引起親子衝突的小細節，爸爸媽媽常會為孩子不肯乖乖聽話而生氣，然而若我們能以兒童心智發展的角度來看卻反倒都成了優點，因為孩子想要自己動手而不肯繼續被照顧，就已經顯現出孩子長大而有思考和行動能力，已經不在是個只能被照顧的寶貝。

寶寶的行為和動作會透露出許多訊息，爸爸媽媽要學習看懂孩子還無法充分講出來的話，而不是一再追問孩子：「你為什麼不好好講清楚呢？」

我們無法期待經驗不足的孩子能完整說出自己想要什麼，爸爸媽媽要設法引導孩子說出自己遇到什麼樣的狀態，如果大人控制不住情緒高漲而大聲斥責，反而讓孩子更緊張而不知所措了。**傾聽孩子的聲音不只要有耐心，還需要**

有敏銳的觀察力。兒童在智能、體能和心智能力的發展方面有時會出現發展不均衡的狀態，爸媽往往覺得：「孩子很聰明，可惜比較固執不願接受別人的指導。」親子間的爭執通常是在「孩子不聽話」等等各持己見的狀態之下產生。

有些聰明的孩子對自我要求也會比較高，在競爭激烈的城市生活的孩子們，語言認知等方面受到啟蒙教育的時間較早，如果又因為長期缺乏運動機會，導致身體動作協調能力還未達到同齡孩子的常態標準，已經懂很多、內心想要自己更好而被別人稱讚的孩子，就會對自己達不到心中理想的樣子而生悶氣……

教養孩子之前，我們必須先懂孩子的成長是漸進式的，無論從身體動作、語言智力、情緒等方面需要累積足夠的經驗，所以爸爸媽媽必須提供孩子各種類型的活動，增加孩子親身參與體驗的機會，鼓勵孩子說出自己的經驗和感受。

幼兒時期的孩子是想像力最豐富的階段，而同時期也是教導孩子學習遵守遊戲規則、建立價值觀的時期，管教和啟發的鬆緊尺度掌握之間，每個孩子都有不同需求，傾聽孩子的聲音，可以讓我們在教導孩子之前，能了解、安心進而減少煩躁和壓力，充分享受到親子相處時的樂趣。

Q86 挫折是孩子勇敢的維他命

以前，爸爸媽媽總會教導孩子要吃苦耐勞，台語就有句鼓勵小孩子的話：「要吃苦當吃補。」其中的「吃補」就是食補的意思，有許多生活在堅苦環境中的孩子，為了生存就必須學會良好的應變能力，即使孩子遇到挫折，也必須打起精神振作起來，所以更能練就出愈挫愈勇的鬥志和紮實的基本工。

而在當今的現代都市中，孩子很少有機會感受到過去年代的吃苦情況了。小孩從出生後就成為全家人呵護的對象，大人捨不得孩子動手做，更無法忍受孩子流眼淚，還有媽媽擔心小孩被別人欺負而產生心理壓力，採取緊密的保護措施和隔絕孩子交朋友的方式，來避免孩子受委屈。

長期缺乏受挫經驗的孩子會失去自我保護的生存本能，大人必須重新思考教養的方法：是否給孩子愛的養分當中缺少些什麼，才會造成孩子的成長不夠均衡了呢？

孩子從學走路開始就會跌倒，大人無論如何也不能保證孩子不受傷，所以我們需要培養孩子具備良好的自我保護能力，如同跌倒後可以站起來一樣，當孩子遇到挫折後也要學會能很快的調整心情，重新振作精神並冷靜思考如何繼續面對問題。無論是一個人獨自玩遊戲或參加團隊活動，孩子在單調的練習過程中都無法保證完全順利，在孩子遇到困難而流淚時，爸爸媽媽必須適時給孩子堅定的信心和支持，給處於困惑中的孩子更具體而明確的指引，而不止是在一旁大聲斥責孩子必須更勇敢。

在我們一生的成長過程中，對於自我要求比較高的人會為自己做不好而懊惱生氣，挫折感是一種正常的情緒反應，所以無須壓抑孩子的情緒而告訴孩子不可以哭。我們必須學習了解自己的情緒狀態，接納自己的真實感受，然後學習想辦法讓自己更好；爸媽在陪伴孩子成長的過程中同樣也會經歷挫折，因此大人和小孩都要練習以平常心看待不如意的狀況，勇敢接受更多新的挑戰，我們才能愈來愈棒！

TIPS

當孩子遇到挫折時，爸媽怎麼做？

一、先同理孩子的挫折感。例如：跟他說：「我知道你現在心情不好，想不想說一下？」

二、想一想遊戲過程中有什麼好玩的地方？引導孩子發現樂趣，不要把錯誤全部怪罪到別人身上。

三、設法先轉移低落的情緒，讓孩子激動的情緒冷靜下來。

四、另外找適當的時間透過說故事的方法進行機會教育。

Q87 教出有自信又有教養的孩子

人們普遍的印象是有自信的人表達能力好，言談舉止顯現出讓其他人崇拜和羨慕的特質，然而自信除了自己的感覺良好，也要具有足以讓其他人信服和欣賞的吸引力。

自信而有教養的人在待人接物時，並不會給旁人造成壓迫感，肢體語言、說話的表情和聲音高低起伏的調整變化都能掌握等宜，更能細心體察別人的感受，讓人由衷信服而樂於接受他的觀點而心悅誠服。

爸爸媽媽想教出有自信的孩子就必須懂得，真正的自信心緣於孩子對自我的認識。首先孩子必須打從心底覺得自己很棒，就算孩子遇到以前從來沒有做過的事情，也能從容的告訴老師：「這個我還不會，但是我可以試一試……」

培養孩子具有樂觀的思考習慣是日積月累而來的，爸爸媽媽如果觀察到孩子好的行為，就要具體的表揚出來，當孩子聽見大人稱讚會產生成就感，而內心小小的成就感就能促使孩子更加努力練習，當孩子熟能生巧之後自信心也就增強了。

在保護過度的照顧下，孩子會逐漸懷疑自己的能力。如果有大人能幫忙何必自己動手呢？做不好又會被罵不如等著吧……，於是越來越多的孩子經常脫口大叫：「我不會！」接著就出現呆滯的無奈表情……

孩子在等待爸爸媽媽或老師出手幫忙，若大人沒有適時引導要求孩子自己想辦法，小孩就會乾脆不玩了。

難道孩子真的還小，什麼都不會嗎？孩子具有無比潛力，學習模仿能力更是超過大人的想像。聰明而不想傷腦筋的孩子在有經驗的老師面前就很少會喊累，更有不少在老師和同學眼中是模範生的小朋友，他們是學校老師稱讚的好幫手，但是放學回到家就自動失去動手的能力。

由此可見，孩子能力和內在自信也和外在環境相關，孩子的自信心是受外在環境和接觸的人所激發出來的；若大人協助過多或警告太多，都可能打擊孩子想要練習的欲望和動機，爸爸媽媽必須留意是否因為愛孩子、擔心孩子太小而忽略了孩子的潛能，溺愛可能會讓孩子原本具備能力慢慢消失。自信而有教養的孩子，在任何不同的場合都能保持自信而充滿熱情，家庭教育對孩子的影響是長期而深遠，先懂孩子再懂教。

Q88 怎樣提升孩子的創造力？

創造力並非無中生有或憑空想像。在我們身旁可以發現，能夠受人喜歡的創新發明，會有共同的特點就是可以讓人產生比較好的感受，例如：能使人們生活更便利、使用的材料更環保、經濟等等而受人青睞。所以創新的產生有比較的基礎，發明家或藝術家都不是憑空而來的，他們有高人一等的觀察力和聯想力，才能有異於常人的想法和創舉。

有創造力的孩子很小就會出現想和別人不一樣的天生特質，而爸爸媽媽是否能接受孩子和別人不太相同呢？對於多數的家長而言，支持孩子的與眾不同，這一項不容易做到的堅持和信念。

創造力和智力的發展息息相關，舉例來說：遇到相同的一件事物，有人很快能看懂、可以快速聯想和比較分析，接著能夠產生創新的想法，還會主動說出來想要如何改進，並且付諸行動……，這一連串的過程必須串連在一起，而非止於空談。所以只有外表聰明或能言善道還是還不夠的，必須擁有良好的執行力，才能讓創造力發揮真正的價值。

由此可見，培養孩子的創造力就必須是全面能力的提升，孩子可以透過遊戲來學習，主要的原因是遊戲時孩子的頭腦必須是靈活的，孩子會自發性的進行比較、分類、排序等思考，而這些是鍛練邏輯思維讓大腦活化起來的良性刺激。所以缺乏動腦或動手操作經驗的孩子，就比較欠缺可以比較的基礎常識和判斷的依據，遇到突發狀況出現時，自然無法在很快的時間出現最好的創造力和應變能力。

TIPS

提升孩子創造力的六項祕訣：

一、累積生活常識，讓孩子對生活中常見的事物有基本認識。

二、透過旅行或生活體驗，讓孩子對大自然變化有敏銳的觀察力。

三、鼓勵孩子運用不同的材料繪畫、美勞等活動。

四、讓孩子充分表達自己的想法。
五、養成孩子閱讀的習慣。
六、欣賞不同類型藝術或音樂，不過早加入大人的喜好或批判。

Q89

怎麼樣建立孩子的信心

許多爸媽經常給孩子讚美和鼓勵，希望可以經由不斷的鼓勵加強孩子的自信心，爸媽還會不忍心給孩子壓力而採取尊重孩子選擇的教養方式。即使爸媽經常鼓勵孩子，卻有孩子始終還是不敢自己作決定，做事情也不如家長期望的主動積極……

「為什麼孩子缺乏信心呢？」經驗不足的小孩需要模仿和練習，直到確定有把握自己可以做好，才能產生足夠強大的自信心。所以大人必須細心觀察，孩子是否在面對問題的時候不知該如何處理？當孩子應變能力還不足時，就要先提升基本的能力，而不要太快錯怪孩子膽小、依賴。

當孩子感覺不知所措時，只憑口頭上的鼓勵依然無法提供幫忙，因為還在發育中的孩子無論在體力、理解程度和情緒調節等方面的能力都不夠成熟，遇到陌生的情況會感到焦慮緊張，所以，最好的引導方式並不是一再催促孩子動作快、別害怕；大人必須給孩子明確的指導。如果著急的爸媽問孩子：「你為什麼不會呢？」只會增加孩子的壓力。因為孩子已經不懂該怎麼做，當然更無法回答爸爸媽媽自己為何做不好了。

不具體的「空洞讚美」或「激將法」都無法增加孩子的信心，如果累積的時間太長，反而可能造成孩子誤解，當孩子開始產生：「我就是不行，不會又怎麼樣？」消極抵制的念頭往往會讓孩子選擇放棄，而家長還無從得知。

成功的經驗可以累積信心

讓孩子獲得成功的經驗可以增強他們的信心，從孩子學會走路之後大人會歡呼鼓勵，可是隨著孩子年紀越來越大，要練習的事情更多，得到的讚美卻變少了。平心而論，任何的學習和學走路一樣，對孩子而言也都是全新的挑戰；可是爸爸媽媽的期許太快了，孩子無法一次就學好，也無法很快做出和大人一樣水準的動作或反應，所以只要孩子願意嘗試新事物就要鼓勵。

孩子喜歡幫助別人，可鼓勵孩子幫家人整理東西、做家事，透過簡單的活動讓孩子獲得成就感，就可以讓孩子增強信心了。有信心的孩子能夠保持住學習的好奇心和強烈動機，即使遇到困難也不會輕易放棄。

Q90

怎麼樣培養孩子的勇氣？

路過商場中人潮眾多的遊樂設備時，突然發現在兩公尺高的懸掛式遊樂設備上方，竟然有一位身材嬌小的孩子站在高處猶豫不前……顯然小女孩走進一個超出能力所及的危險遊樂設施當中，陪同的爸爸媽媽並沒有事先評估活動內容是否適合自己的孩子；小女孩吃力的走過一個關卡之後，果然無法繼續前進了，小臂力和平衡能力根本無法負擔，更別說是站在超過爸媽伸手可以觸及的高度上。孩子嚇得全身發抖時，遊樂場的安全人員從後面設法走到小女孩身邊，無奈通道窄小，小女孩後面還有一個更小的男孩，一時無法讓女孩從後面下來，小女孩的爸爸媽媽只能著急的高舉雙手，站在女孩被的下方大喊：「不要怕，妳就勇敢一點跨過去呀！」大人和小孩急成一團，直到另一位安全人員設法把小女孩從高處解救下來。

類似的遊樂設施越來越多，標榜著可以鍛鍊孩子的勇氣和毅力，可是為何沒有限制參與的年齡和體能呢？真教人禁不住為受驚嚇的孩子捏把冷汗。

孩子對高度和速度的判斷能力與前庭系統的感覺反應程度有關係，前庭反應不足的孩子特別喜歡挑戰站在高處的感覺，也喜歡跳躍或轉個不停，但是在身體動作協調和肌肉耐力還不足的情況下，貿然讓幼兒參與超齡的活動是不恰當的，即便在安全上做了防護措施還是要避免，因為讓孩子處於無法掌握的情況下，受到高度的身心壓力反而會有深刻的恐懼感。

讓孩子參加超出體能範圍的遊戲是有風險的，大人常會誤以為活動量大的孩子就是膽子很大；因為不希望孩子膽子小，所以就用言語刺激孩子。而事實上光憑語言的鼓勵並不能真正達到激勵效果，孩子必須有足夠信心才能有勇氣；如果孩子不能正確判斷危險性而貿然行事，就是有勇無謀的衝動行為了。**想培養孩子的勇氣並不是強迫孩子去做超出能力範圍的事情，爸爸媽媽必須先懂得孩子能做到什麼，才能依照孩子身心發展的程度而提供適當的遊戲活動。**在鼓勵孩子更勇敢之前，請慎重評估孩子的體能狀況，活動時間、強度都要專業的評估把關。

Q91 怎樣讓孩子自動自發？

健康的嬰幼兒都具有探索環境的好奇心，最早的自發性學習大約在出生後半年就會出現，例如：剛學會伸手抓握的寶寶拿到東西就想放嘴裡咬、能走路以後的寶寶會模仿大人的舉動……，很可惜寶寶出現主動學習的動作時，照顧者並不一定懂得把握孩子學習力最強的時機給予練習的機會。大人可能因為愛護的理由而限制孩子自動自發的舉動，從而錯過最佳的引導時機。

在寶寶還不會說話前，就會出現想要自己動手的舉動，照顧者必須忍耐寶寶的動作還不夠熟練，在練習自己吃東西、穿脫衣服等等小事情上需要比較長的時間。如果在寶寶最想自己行動的一至三歲期間協助過多，孩子在進入幼兒園之後就會出現生活自理能力不足的可能性就提高了。

想要孩子自動自發必須從小開始教起，在寶寶獨自練習時不要太快插手，在發現寶寶完成簡單的任務之後公開的表揚，孩子獲得讚美就會更勤快，還會自動自發的詢問大人：「有什麼可以幫忙？」

在少子化的社會中，大人見到孩子可愛的模樣，往往很難做到等待而不去幫助他們，但是根據統計發現，從小被照顧的愈是周到，小孩就會愈被動。爸爸媽媽習慣給太多指令和安排，孩子就會凡事等待而缺乏思考和計劃的能力。真是值得大家警惕的教養迷思啊！

爸爸媽媽對子女的關愛總有些矛盾又複雜的心情，家中有乖巧聽話的孩子，爸爸媽媽可能會擔心孩子缺少自動自發的主動性；遇到孩子有主見和想法，大人也會擔心小孩是否太主觀。希望孩子自動自發、獨立性強，就必須捨得讓孩子在錯誤中學習成長。

上小學前，孩子就可以自動自發。您開始教了嗎？

◇教導孩子做簡單的家事，不需要任何交換條件（每天自己整理玩具和房間）。

◇讓孩子知道必須完成自己的任務（用完的東西要放回原處）。

◇製造機會讓孩子為家人和朋友服務（吃飯前幫忙準備餐具，為客人倒水）。

作　　者／薛文英
選 書 人／陳國哲
美術設計／方麗卿
企畫選書／賈俊國

總 編 輯／賈俊國
副總編輯／蘇士尹
行銷企畫／張莉滎・廖可筠

發 行 人／何飛鵬
出　　版／布克文化出版事業部
台北市中山區民生東路二段141號8樓
電話:(02)2500-7008　傳真:(02)2502-7676
Email:sbooker.service@cite.com.tw
發　　行／英屬蓋曼群島商家庭傳媒股份有限公司城邦分公司
台北市中山區民生東路二段141號2樓
書虫客服服務專線:(02)2500-7718;2500-7719
24小時傳真專線:(02)2500-1990;2500-1991
劃撥帳號:19863813;戶名:書虫股份有限公司
讀者服務信箱:service@readingclub.com.tw
香港發行所／城邦(香港)出版集團有限公司
香港灣仔駱克道193號東超商業中心1樓
電話:+86-2508-6231　傳真:+86-2578-9337
Email:hkcite@biznetvigator.com
馬新發行所／城邦(馬新)出版集團 Cité (M) Sdn. Bhd.
41, Jalan Radin Anum, Bandar Baru Sri Petaling,
57000 Kuala Lumpur, Malaysia
電話:+603- 9057-8822　傳真:+603- 9057-6622
Email:cite@cite.com.my
印　　刷／卡樂彩色製版印刷有限公司
初　　版／2014年(民103)11 月
售　　價／280元

新手爸媽
先懂孩子再懂教
掌握90個教養關鍵
輕鬆教出自律、貼心、負責、主動學習的小孩。

城邦讀書花園
www.cite.com.tw